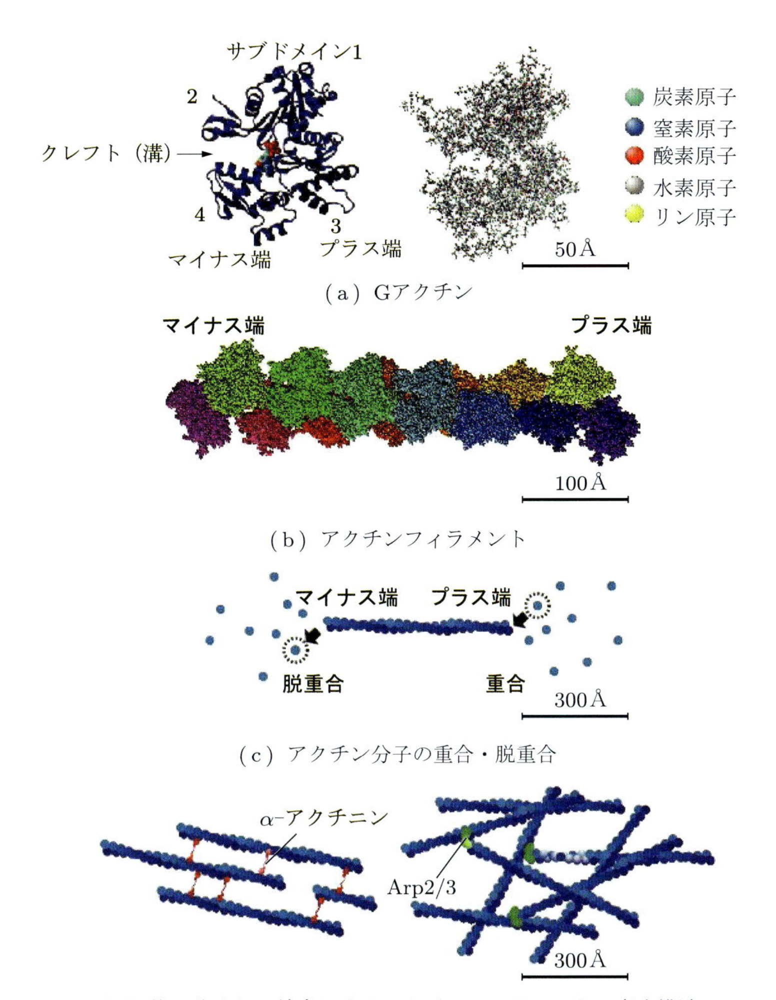

（a） Gアクチン

（b） アクチンフィラメント

（c） アクチン分子の重合・脱重合

（d） 他の分子との結合によるアクチンフィラメントの高次構造

図 2.1　アクチンフィラメントの外階層構造

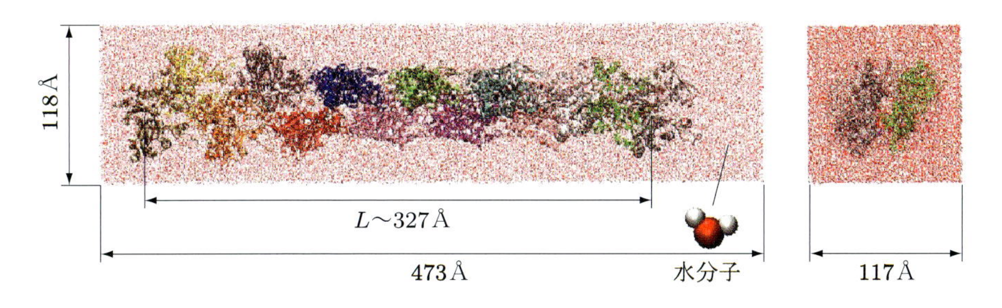

図 2.5　水分子・イオンを付与したアクチンフィラメント構造モデル

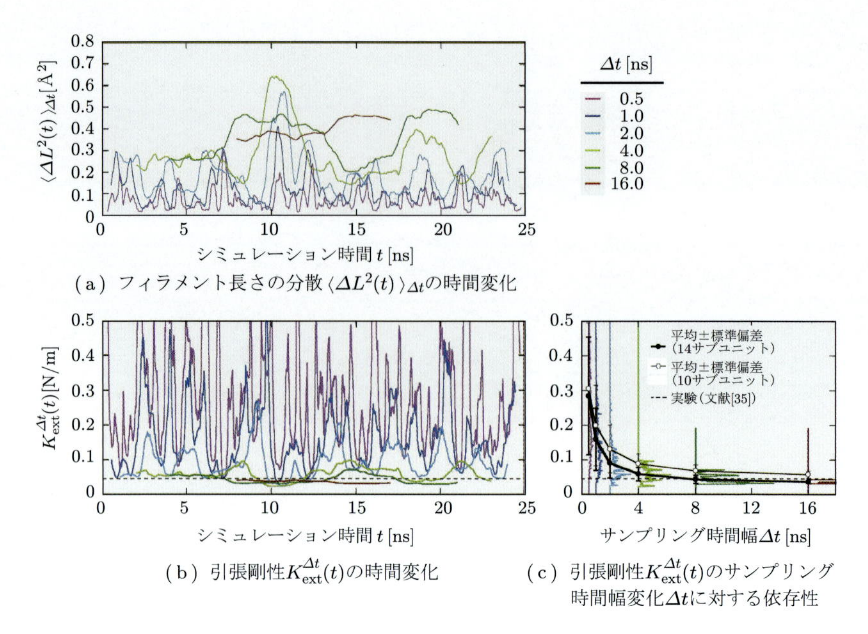

(a) フィラメント長さの分散 $\langle \Delta L^2(t) \rangle_{\Delta t}$ の時間変化

(b) 引張剛性 $K_{\mathrm{ext}}^{\Delta t}(t)$ の時間変化

(c) 引張剛性 $K_{\mathrm{ext}}^{\Delta t}(t)$ のサンプリング時間幅変化 Δt に対する依存性

図 2.8　アクチンフィラメント構造の引張剛性解析結果

（第 2 章の文献[53]より，Elsevier 社の許諾を得て転載．Fig. 4 を改変）

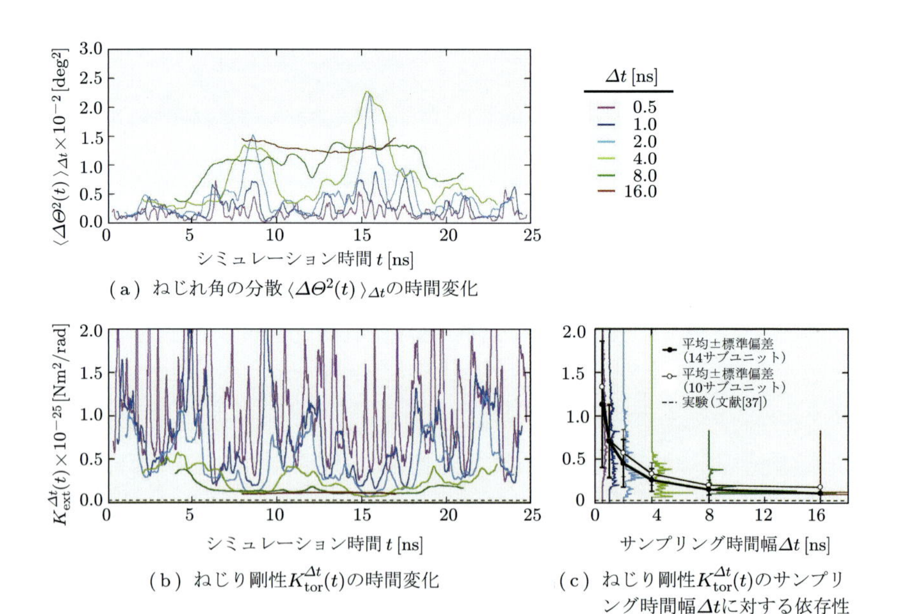

(a) ねじれ角の分散 $\langle \Delta \Theta^2(t) \rangle_{\Delta t}$ の時間変化

(b) ねじり剛性 $K_{\mathrm{tor}}^{\Delta t}(t)$ の時間変化

(c) ねじり剛性 $K_{\mathrm{tor}}^{\Delta t}(t)$ のサンプリング時間幅 Δt に対する依存性

図 2.9　アクチンフィラメント構造のねじり剛性解析結果

（第 2 章の文献[53]より，Elsevier 社の許諾を得て転載．Fig. 5 を改変）

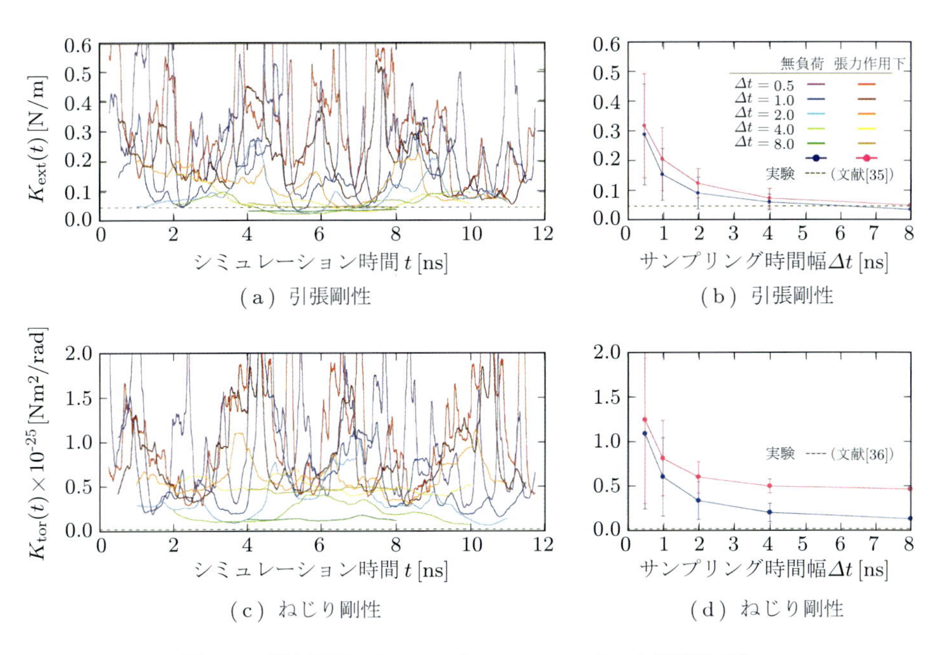

図 2.13　張力作用によるアクチンフィラメントの力学特性変化
(第 2 章の文献[54]より，Elsevier 社の許諾を得て転載．Fig. 3 を改変)

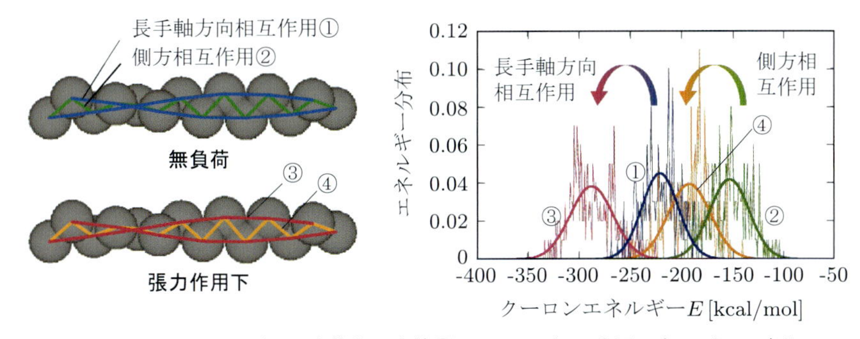

図 2.15　張力作用にともなうアクチンサブユニット間の相互作用エネルギーの変化

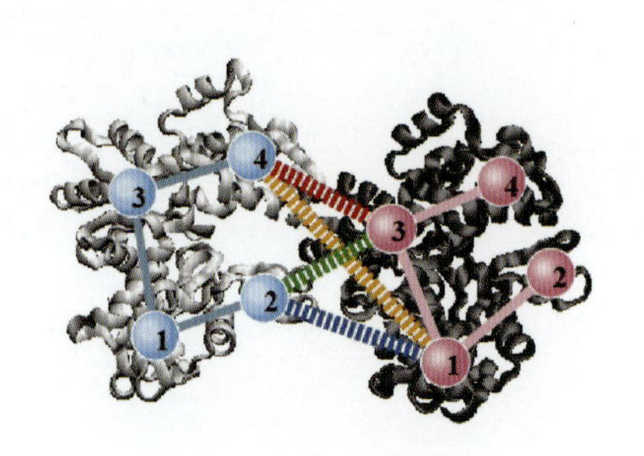

(a) 縦方向相互作用

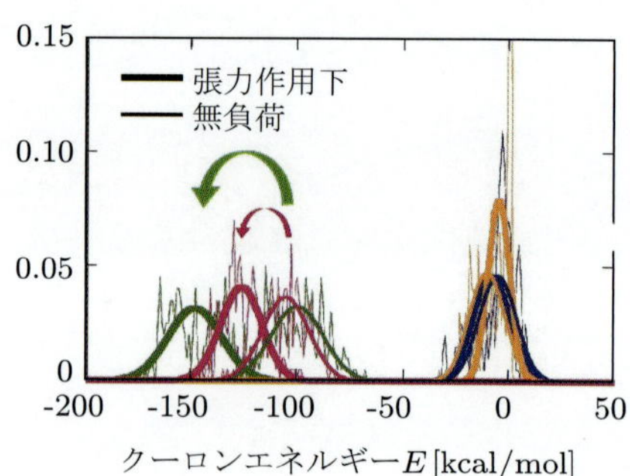

(b) 縦方向相互作用エネルギーの変化

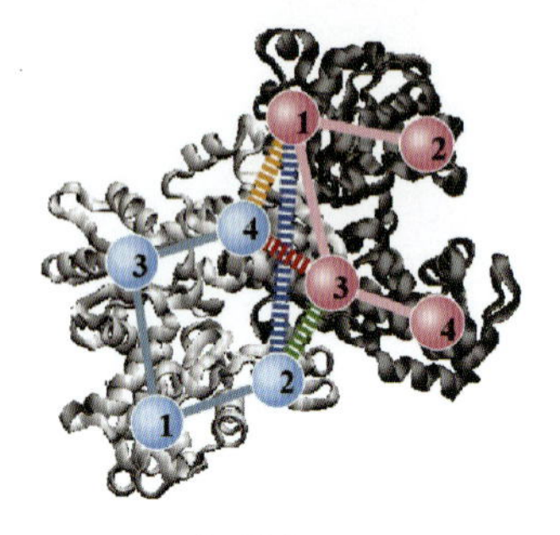

(c) 側方(横方)向相互作用

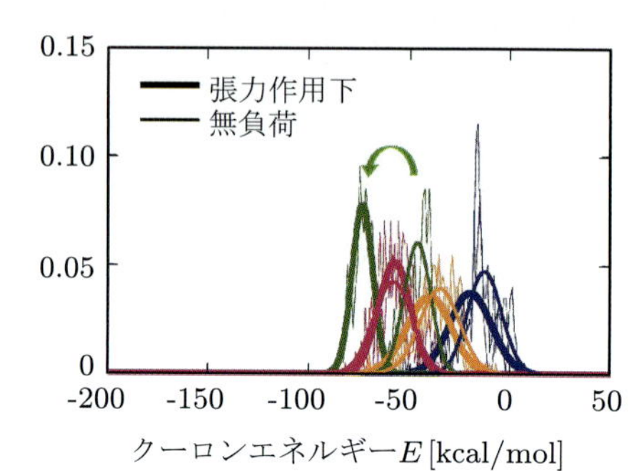

(d) 側方相互作用エネルギーの変化

図 2.16　張力作用にともなうアクチンサブドメイン間の相互作用エネルギーの変化

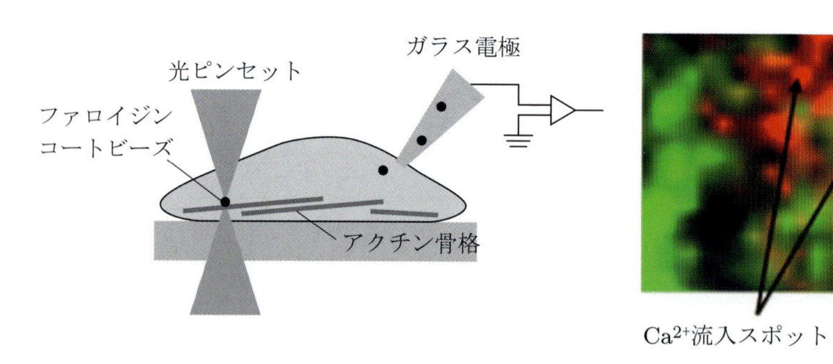

(a) アクチン骨格を直接引張しながら全細胞電流を測る方法

(b) インテグリン近傍からの Ca^{2+}の流入

図 3.4　血管内皮細胞におけるアクチン骨格を介した機械受容チャネルの活性化

(第 3 章の文献[38]より，Springer 社の許諾を得て転載．図を改変)

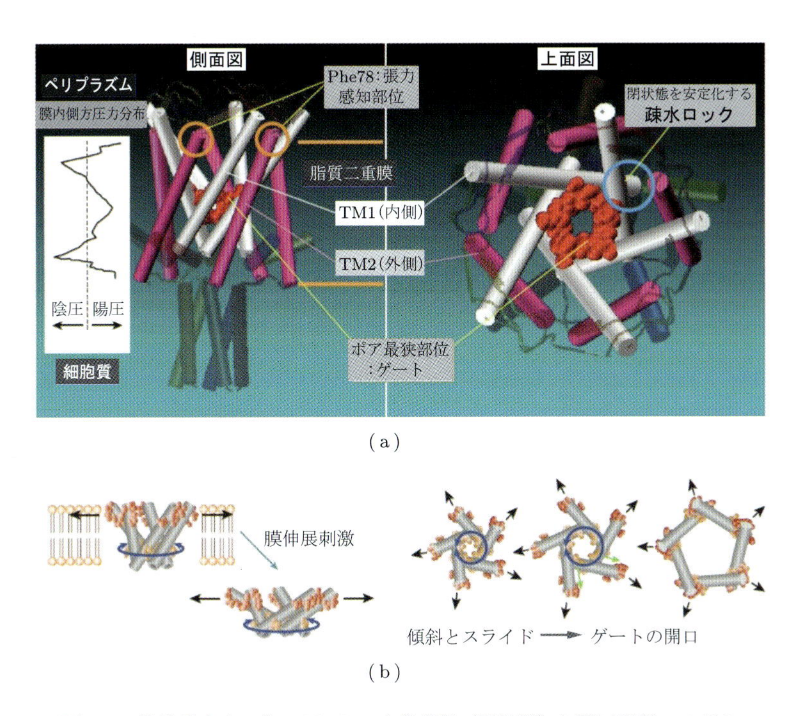

図 3.5 機械受容チャネル MscL の立体構造（閉状態）と開口過程のモデル
（第 3 章の文献[38]より，Springer 社の許諾を得て転載．図を改変）

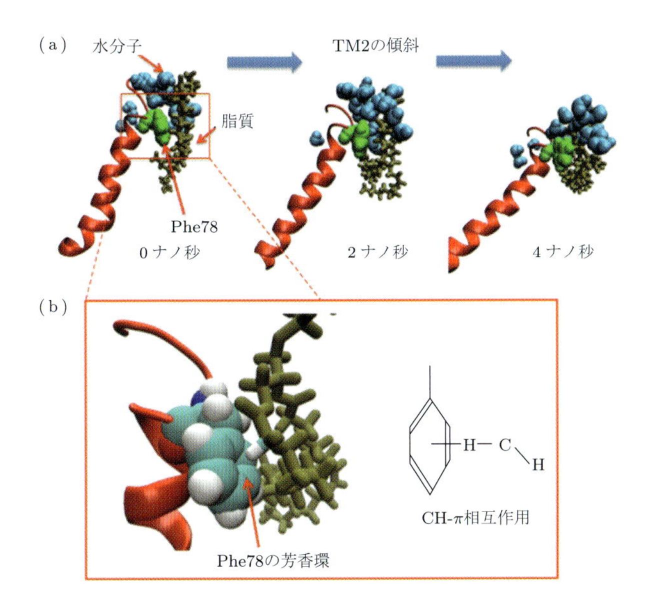

図 3.6 MscL の張力感知部位が脂質を介して引張され TM2 が傾く様子
（第 3 章の文献[38]より，Springer 社の許諾を得て転載．図を改変）

(a) TM1の非対称なスライド

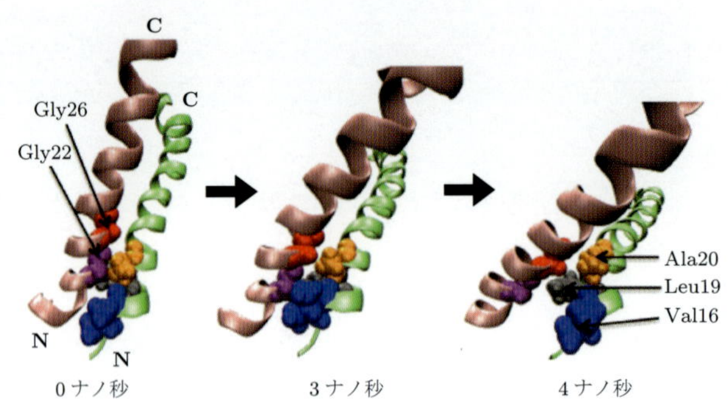

(b) TM1交差部のスライディング過程のスナップショット

図 3.7 MscL のゲートが開口する様子
(第3章の文献[38]より, Springer 社の許諾を得て転載. 図を改変)

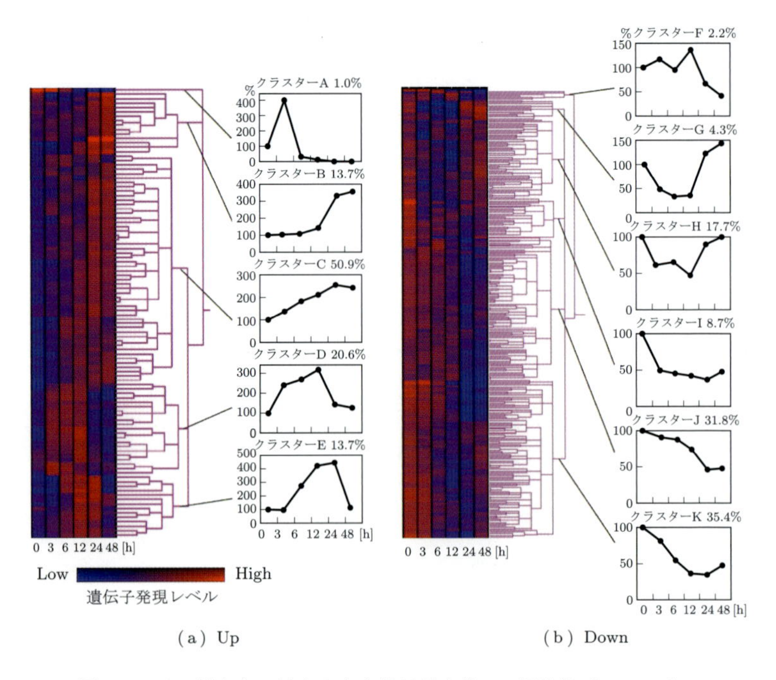

(a) Up (b) Down

図 5.4 せん断応力に対する内皮遺伝子応答の, 経時的プロファイル
(第5章の文献[10]より転載. Fig. 1 を改変)

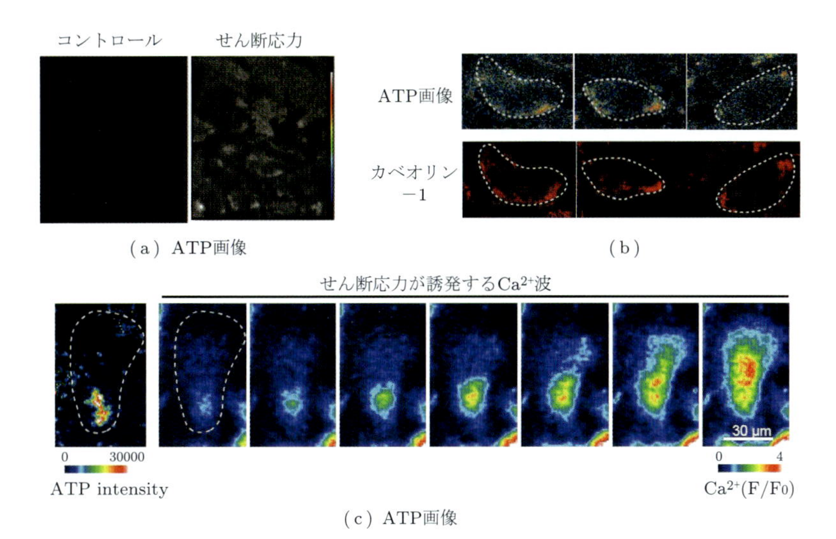

図 5.9　カベオラで起こる ATP 放出と Ca^{2+} 波[18]

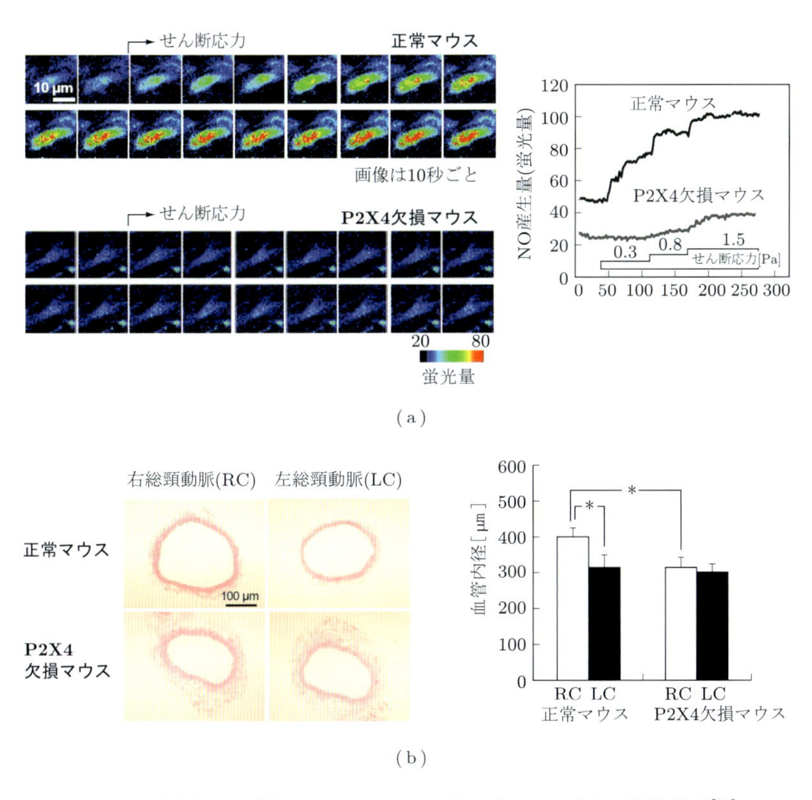

図 5.10　せん断応力の Ca^{2+} シグナリングが，循環系で果たす生理学的役割[20]

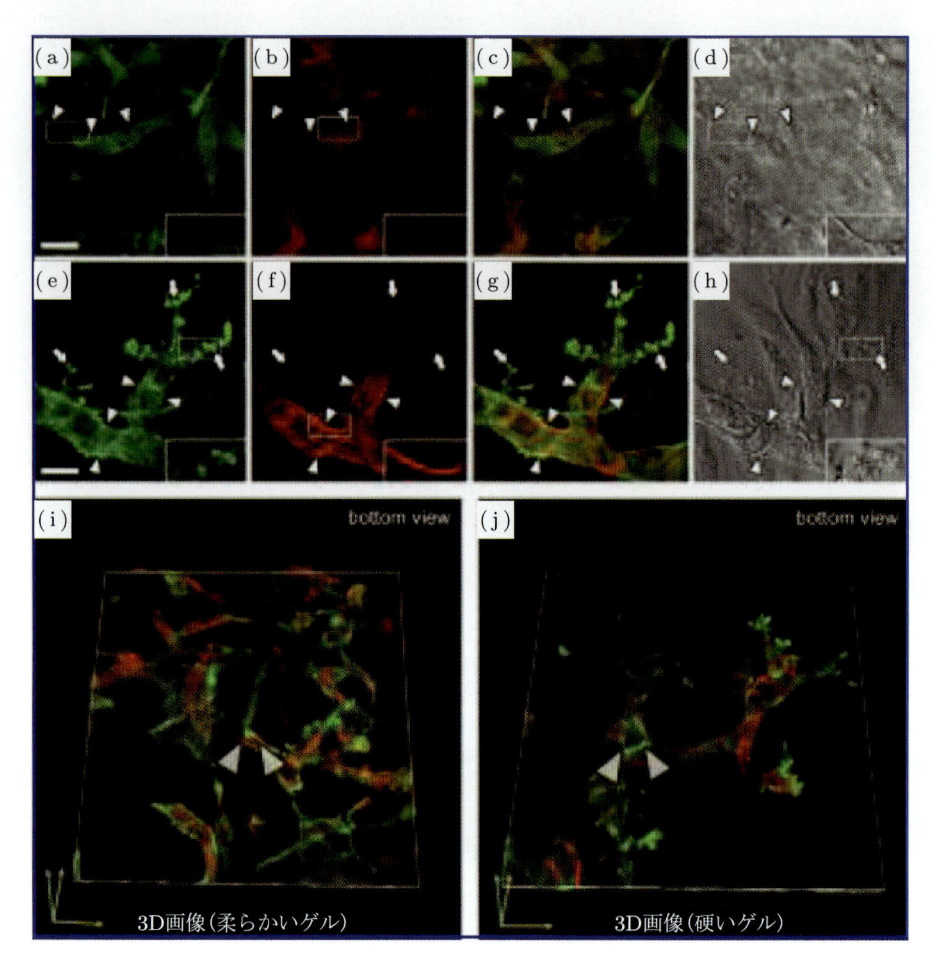

図 6.7 柔らかいゲル (a)～(d) と硬いゲル (e)～(h) の，3 次元毛細血管網における アクチンとビンキュリンの発現の様子[36]

細胞の
マルチスケール
メカノバイオロジー
佐藤　正明 編著
安達　泰治　松下　慎二
井上　康博　平田　宏聡
曽我部正博　出口　真次 共著
安藤　譲二　山本希美子
谷下　一夫　須藤　　亮
Multiscale
mechano
biology
森北出版株式会社

序　文

われわれの人体は約 60 兆個の細胞から構成されているといわれており，細胞は集合して組織や器官をつくり，これらはさらに集合して人体となる．すなわち，人体の構成は階層構造であり，まさにマルチスケールな観点から，その機能や構造をみる必要がある．

一方，細胞に目を移すと，細胞それ自体も細胞内に小器官を有し，多くのタンパク質から構成され，多様な機能を有していることが知られている．生体内に存在する細胞は，外部から引張りや圧縮の力，あるいは生体内における血液や組織液などの流れによる力を絶えず受けている．このような力が細胞の機能や構造・形態に大きな影響を与えていることが明らかになってきている．典型的な研究としては，以下に示す例が挙げられる．

血管壁の最内側に存在する内皮細胞は血液の流れに絶えずさらされ，それにより，血管壁を拡張あるいは収縮させる物質の産生が制御されている．また，血液の流れの速さに応じて細胞形態や内部構造が異なり，内皮細胞自体に作用する力を最小限にするような形へと適応したり，基質からはがれないような内部構造をとることがわかっている．このような血液の流れと内皮細胞機能の関係が破綻すると，動脈硬化や動脈瘤の発生へとつながる可能性があることも指摘されている．

また，骨も外力の状態に応じて形態変化することが知られている．このような現象には骨芽細胞，破骨細胞，骨細胞のはたらきが密接に関与しており，その詳細な機構については研究が続けられている状況にある．最近の話題としては，幹細胞を硬さの異なる基質の上で培養した場合，硬さに応じた組織の細胞へと幹細胞が分化することが挙げられる．すなわち，細胞と基質の間での力学的な平衡状態が，機能発現の重要な因子となっている可能性が指摘されている．

以上でみてきたように，細胞に加わる力が細胞の機能発現や形態変化にとってとても重要であることがわかる．生体を力学的視点から研究する学問はバイオメカニクスとよばれ，1960 年代後半から米国を中心におおいに発展してきている[1]．しかし実は，それ以前にも欧州を中心に，動物やヒトの動きを解析する学問がすでに発達しており，「バイオメカニクス」という用語も，1900 年頃にはすでに使用されていた[2]．

力と細胞のもつ多様な機能との関係は，生体のはたらきや病態生理，組織工学（ティッシュエンジニアリング）の理解や発展のうえで，たいへん重要であることが認識されてきている．とくに，生体に対する力学刺激の応答機構を研究する領域は，21 世紀に入った頃からメカノバイオロジーとよばれるようになり，研究者の研究背景が，工学から生物学，生命科学，医学へと一気に広がりをみせるようになってきた．このような状況において，われわれは，生体組織や器官の機能を理解するうえで，細胞の構造のもつ階層的構成を十分に踏まえたメカノバイオロジーがたいへん有用であると考える．本書においては，「細胞のマルチスケールメカノバイオロジー」の視点から，この方面のわが国の第一人者の研究者が，細胞レベルのナノからマクロな領域までを一気にまとめあげた．本書の内容は，大学院から若手研究者の方を対象としたものであり，読者諸兄の参考になれば幸いである．

佐藤　正明

参考文献

［1］ Fung, Y. C. Biomechanics. Appl. Mech. Rev. 21, 1-21, 1968.

［2］ Contini, R. and Drillis, R. Biomechanics. Appl. Mech. Rev. 7, 49-52, 1954.

目　　次

◆第 1 章　細胞の力学応答概説 —— 1
1.1　はじめに　1
1.2　細胞の構造と機能　3
1.3　研究の背景と現状　4
1.4　本書の構成と各章の関連性　9
1.5　おわりに　10

◆第 2 章　細胞骨格アクチンフィラメントの分子メカノバイオロジー解析 —— 13
2.1　はじめに　13
2.2　アクチンフィラメントのメカノバイオロジー研究　14
2.3　分子動力学シミュレーションによるアクチンフィラメントの力学特性評価　20
2.4　張力作用下にともなうアクチンフィラメントの分子構造と力学特性の変化　31
2.5　おわりに　40

◆第 3 章　膜とチャネルの力学応答に関するマルチスケールメカノバイオロジー —— 45
3.1　はじめに　45
3.2　メカノセンシングプロセスの要素分解とメカノセンサー　46
3.3　機械受容チャネルとパッチクランプ法　49
3.4　膜のメカノバイオロジー　51
3.5　機械受容チャネルの現象論的速度論　55
3.6　機械受容チャネルのサブナノスケールの動力学　57
3.7　力学応答におけるゆらぎのマルチスケールランドスケープ　61
3.8　おわりに　63

◆第 4 章　細胞接着のメカノバイオロジー：
細胞収縮性に依存した機能調節の仕組み —— 67
4.1　はじめに　67
4.2　細胞接着の分類　69
4.3　非筋Ⅱ型ミオシンの機能と制御　71
4.4　ストレスファイバーの機能と制御　77
4.5　細胞接着の機能と制御　85
4.6　おわりに　92

第 5 章　細胞のメカノトランスダクションと遺伝子応答 ―― 95
5.1　はじめに　95
5.2　血管細胞が受ける力学刺激　96
5.3　力学刺激に対する内皮細胞応答　99
5.4　力学刺激による遺伝子発現調節　103
5.5　内皮細胞のメカノトランスダクション　107
5.6　内皮細胞の力学応答と循環調節　115
5.7　おわりに　117

第 6 章　細胞の力学刺激にともなう器官形成 ―― 119
6.1　はじめに　119
6.2　血管新生初期における出芽過程　120
6.3　血管新生を誘起する力学的要因　121
6.4　マイクロ流体デバイスによる血管形成と制御　133
6.5　再構築組織の血管化　140
6.6　おわりに　145

索　引 ―― 150

第1章

細胞の力学応答概説

執筆担当：佐藤正明

1.1 はじめに

力を感知する生体のセンサーとして，われわれがもっとも身近にして思い浮かべるのは，全身の皮膚に存在して圧痛を感知する器官であろう．これらは痛覚の受容器とよばれ，図1.1に示すように，マイスナー小体，パチニ小体，メルケル触盤，ルフィニ終末，自由神経終末などがある．受容器の形態をみると，いかにも圧力や振動などを感知しそうである．われわれの指先は，一般の人でも200 μmの凹凸は感知できるといわれており，熟練した技術者にいたっては，機械加工表面をなぞっただけで，その精度を10 μm以下で感知できるともいわれている．このように，われわれの生体のもつ力のセンサーはとても精度が高い．

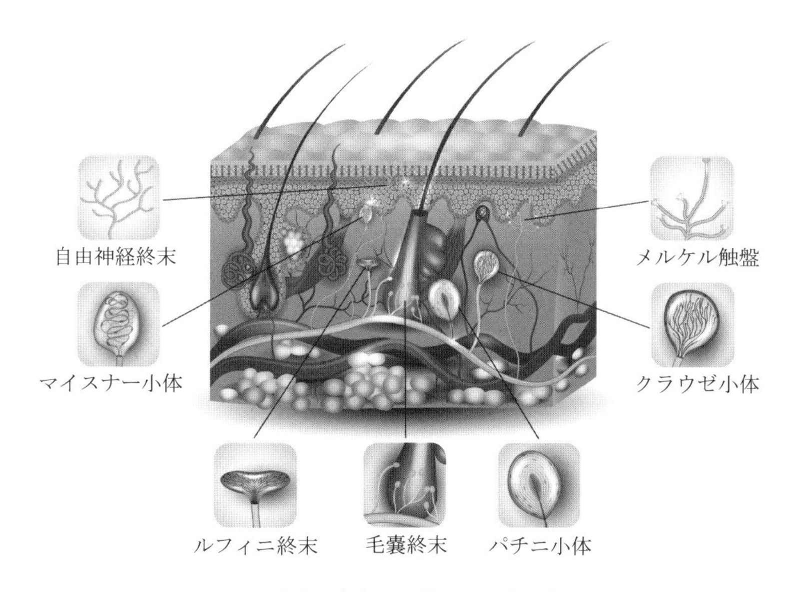

図1.1 皮膚に存在する種々の痛覚の受容器

このほかにも，われわれは尿が溜まってくると尿意を感じたり，腸の中に食物塊が入ってくると蠕動（ぜんどう）運動が開始されることが知られている．これらは，いずれも膀胱壁や腸壁が伸びることによる張力を感じており，これらの組織の中に存在するセンサーが力を感知している．このような機能は心臓壁や動脈壁の中にもあって，血圧を感知し，血圧を調節する機能を果たしている．骨格筋の中にも筋紡錘とよばれる筋肉の収縮状態を感知する受容器がある．

このような力やひずみの受容器とは異なり，われわれは直接力を感知しているとは意識しないが，力を感じる細胞の代表例の一つに，内耳にある有毛細胞がある．図1.2に示すように，これは内耳の蝸牛内のコルチ器にある毛の生えた細胞である．この毛の部分に力が作用すると，有毛細胞が伸縮運動を起こし，外部からの音の信号を増幅する役目をもっている．またそのほかにも，序文において触れた血管内皮細胞や骨細胞など，生体を構成する多くの細胞が大なり小なり外部からの力を感知するセンサーとして機能している．

センサーとは一般に，外部信号の変換器（トランスデューサー）あるいはその後の信号処理などを含めた装置全体をいう．上述の生体内にある力のセンサーの例は主として後者に属し，機械受容器と称する器官として機能している．一方，生体内の多くの細胞には前者の機能が備わっており，細胞自体がその変形や力を感知して応答し，種々の細胞機能を発現する．細胞内においては外部からの力学刺激を信号（セカンドメッセンジャー）に変換する構造物（分子やその複合体）が存在し，本書ではこれをメカノセンサーとよぶ．メカノセンサーとしては未知のものが多いが，少しずつその実体が明らかになってきているものもあり，生体の重要な機能を担うものとして多くの研究者の関心を集めている．

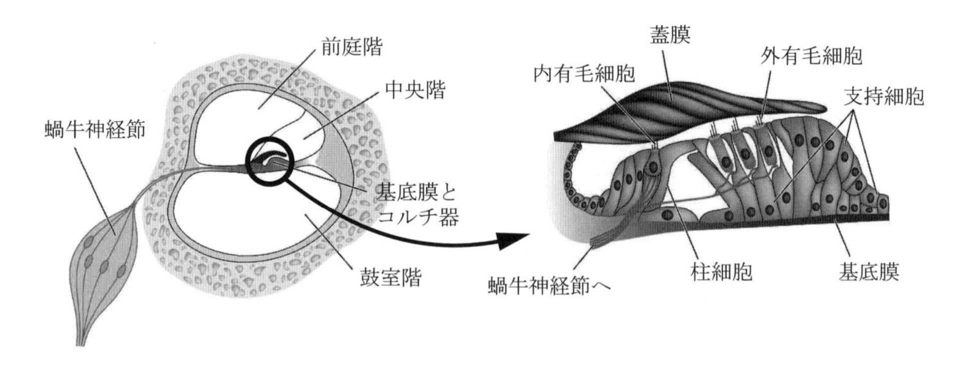

図1.2　内耳蝸牛のコルチ器にみられる有毛細胞

1.2　細胞の構造と機能

われわれの身体を構成する細胞には多くの種類があるが，一般には共通した構造をもっており，その典型的な例を図1.3に示す．細胞は，大別して細胞膜，細胞質，核から構成されており，それぞれ以下に示す構造と機能を有している．

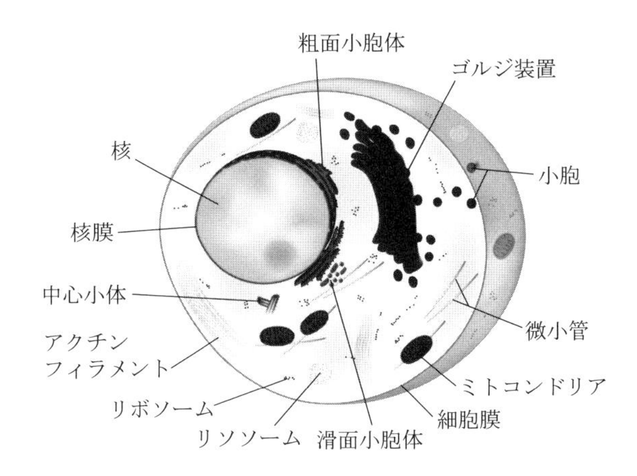

図1.3　細胞の内部構造と小器官

1.2.1 ◆ 細胞膜

一般には，脂質二重層の中にタンパク質を含んだ構造であり，フルイドモザイクモデル（fluid mosaic model）とよばれる．細胞膜は，細胞の内部と外部を隔てる境界の役割を果たし，膜を介して物質の出入りがある．また，細胞膜の一部に存在するタンパク質は，ホルモンや化学伝達物質などの出入りを制御する受容体としての機能をもつほか，糖と結合して糖タンパク質を構成し，細菌やウィルスなどと結合させる受容体のはたらきをもっている．

1.2.2 ◆ 細胞質

細胞膜の内側で，かつ核の外側に位置する部分をいい，図1.3にみられるように，多くの細胞内小器官が存在する．代表的なものとして，リボソーム，小胞体，ゴルジ装置，ミトコンドリア，リソソーム，細胞骨格などがある．以下にそれらの機能の概略を示す．

(1)　リボソーム

細胞内においてタンパク質を合成する場である．

(2) 小胞体

細胞内における物質（おもにタンパク質）の運搬をつかさどる構造物である．小胞体には，形態上の区別から，粗面小胞体と滑面小胞体の2種類がある．粗面小胞体にはリボソームが点在しており，リボソームでつくられたタンパク質が多く蓄積され，ここからほかの場所へ輸送されていく．一方，滑面小胞体にはリボソームがなく，タンパク質の合成には関与せず，コレステロールの合成や分解，薬物の解毒などの機能をもつ．

(3) ゴルジ装置

粗面小胞体から送られてきたタンパク質をいったん集積し，目的に応じた形でタンパク質を再発送する機能をもつ．

(4) ミトコンドリア

細胞の機能発現にとって必須のエネルギー源であるATP（アデノシン三リン酸）を供給している．

(5) リソソーム

細胞内の不要物あるいは細胞外からの侵入物などを分解・除去する機能をもつ．

(6) 細胞骨格

細胞の形態形成や運動，細胞内の物質輸送などに密接に関係しており，アクチンフィラメント（ミクロフィラメントともいう），微小管（マイクロチューブル），中間径フィラメントの3種類がある．

1.2.3 ◆ 核

核膜で細胞質と仕切られており，核内には核小体やクロマチン（染色質）が存在している．核小体にはリボソームが集合しており，細胞質へ移動してタンパク質合成の役割を果たす．クロマチンはDNAがタンパク質と結合したもので，糸状の網目構造をとる．細胞機能の中枢としての役割をもつ．

1.3 研究の背景と現状

生体を構成する多くの細胞が，外力を感知して細胞の機能を活性化させたり，正常な生理学的機能の維持に関与していることはよく知られている．もっともよく研究が行われている細胞として，血管内皮細胞や骨細胞が挙げられる．

内皮細胞は血管壁の最内側に一層で存在し，絶えず血液の流れによるせん断応力（shear stress）を受けている．研究の背景としては，動脈硬化発生の局在性が，血液の流れと関係しているという指摘がある．この議論は，さかのぼれば1960年代後半から1970年代前半にかけて，動脈硬化発生の初期像がせん断応力の低い領域に対応している（低せん断応力説）のか[1]，あるいは高い領域に対応している（高せん断応力説）のか[2]，という相反する二つの説に関する論争から始まったといえる．

Flahertyら[3]は，イヌの大動脈を用いてたいへん興味深い実験を行った．大動脈の一部を切除して切り開き，これを90度回転した後，円筒状に縫い合わせ，もとの大動脈部位に戻した．内皮細胞の核の形を観察したところ，大動脈をもとの部位に戻した直後は楕円形の形をした核が血流方向と直交していたが，時間経過とともに，流れの方向に配向した．この結果はたいへん大きな反響をよび，1970年代後半からの培養内皮細胞に流れを負荷する研究の端緒となった．

Kamiyaら[4]は，イヌの頸動・静脈にシャントを施して（二つの血管を直接つないで）6～8か月間飼育し，血流変化に対する応答として，動脈内径の変化を観察した．その結果，たいへん興味深いことに，血流量が増加したにもかかわらず，内腔に作用するせん断応力（あるいは，せん断ひずみ速度：shear rate）の値は，術前の値に戻っていた．すなわち，内皮細胞に作用する力に依存して血管径を制御する物質が産生されて血管径を増大させ，結果として，内皮細胞に作用する力は一定の状態になった．

このような研究背景のもと，培養した内皮細胞にせん断応力を負荷する研究が盛んになってきた．これにともない，種々の負荷装置も開発された．代表的なものとしては，回転型粘度計を改良して，少量の液体で定常的な流れや非定常的な流れを負荷する装置がある．また，もっとも一般的で多く使われているものは，平行平板型フローチャンバーである．この負荷装置の流路の途中に堰を設けて流れに乱れを与え，流れの再付着点や流れの再灌流が内皮細胞の形態や機能に及ぼす影響も調べられている．平行平板型フローチャンバーをもとに，特殊な用途のチャンバーも開発されており，流路の幅や高さを流路内で変化させ，せん断応力や空間的なせん断応力勾配を変えた研究も行われている[5,6]．

培養内皮細胞にせん断応力を負荷することによって，細胞内の化学変化，物質の産生，細胞骨格や形態など，さまざまな応答がみられる．それをまとめたのが，図1.4である（文献[7]より改変）．血管壁への外力の作用状態を考えよう．血管内には，拍動する血圧とともに血液が流れている．内皮細胞からみると，血流によるせん断応力に加えて，血圧変動にともなう壁の伸縮による力，血圧による静水圧が同時に作用している．このような点から，内皮細胞に張力負荷を与えて，その応答をみる研究も数多く行われている[8,9]．繰返し張力負荷による細胞応答の特徴は，負荷する張力のベクトル方向に対して，細胞は直交する方向に配向する点であろう．生理的な範囲の20％ひずみを1Hzで加えた場合には，負荷後30分以内の早い時間で，有意な反応がみられる．これに対して，張力を変動させないで一定の力を保持しておくと，細胞は

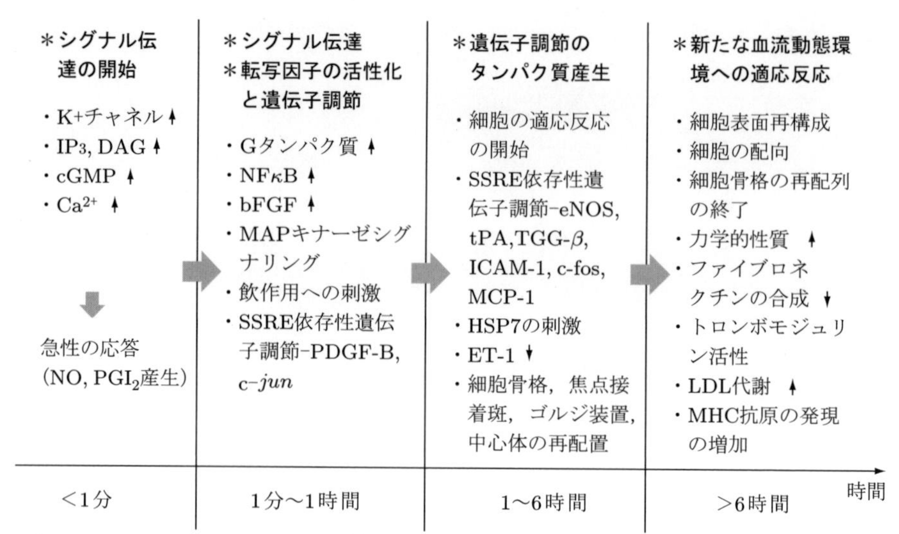

注）ET-1: エンドセリン-1，LDL: 低密度リポタンパク質
MHC: 主要組織適合遺伝子複合体，SSRE: せん断応力応答因子

図1.4　培養内皮細胞に力学刺激を負荷した場合の応答と時間経過（文献[7]より改変）

負荷方向に配向する．内皮細胞に対する静水圧負荷もたいへん興味ある応答を示す[10]．50 mmHg あるいは 100 mmHg の圧力を静的な状態で 24 時間作用させると，細胞が複層化し，かつ配向が完全にランダムになる．内皮細胞は元来単層にしか増殖しない特性をもつが，どのような機構によって複層化を示すのかまったく不明である．

宇宙の微小重力環境で生活している宇宙飛行士，あるいは病院などにおいて長期間寝たきりの状態になった患者では，骨や筋肉が萎縮してくる現象がみられる．すなわち，骨や筋肉は力が作用することによって健常に機能することを意味している．骨に関しては，適度な力が作用することによって，その形態が維持されることが古く 19 世紀末に報告され，骨のリモデリングに関するウォルフ（Wolff）の法則としてよく知られている．ある適正な荷重を超えて骨に外力が作用した場合，骨に生じる応力あるいはひずみが適正な範囲に収まるよう，リモデリングによって組織が増大する．逆に低荷重の場合には，組織に萎縮が起こる．また，図 1.5 に示すように，海綿骨の形態が骨に作用する外力の状態を反映していることも，骨のリモデリング現象として知られている[11, 12]．大腿骨の骨頭部近傍において，海綿骨の骨梁構造が圧縮応力および引張応力に適応した形で，主応力方向に配向していることがわかる．

図 1.6 に示すように，骨のリモデリングに関係しているのは，骨を壊す破骨細胞，形成する骨芽細胞，骨形成後に骨中にみられる骨細胞である．ただし，これらの細胞が，どのような外力をどの部位で感知して，骨のリモデリングにいたるのかなどの詳

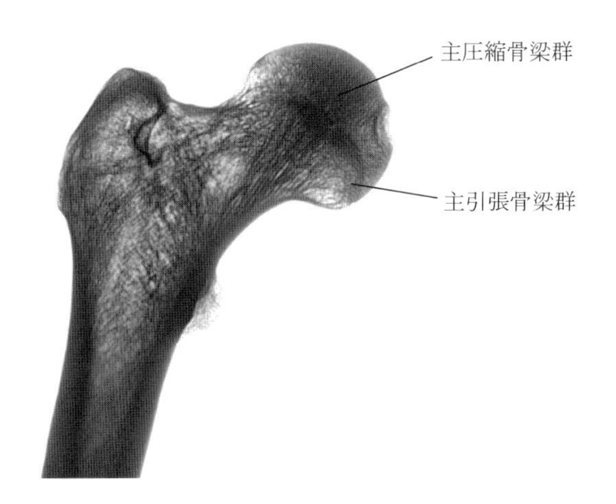

図 1.5 大腿骨骨頭部近傍の骨梁構造
〔東北医科薬科大学 小澤浩司教授より提供〕

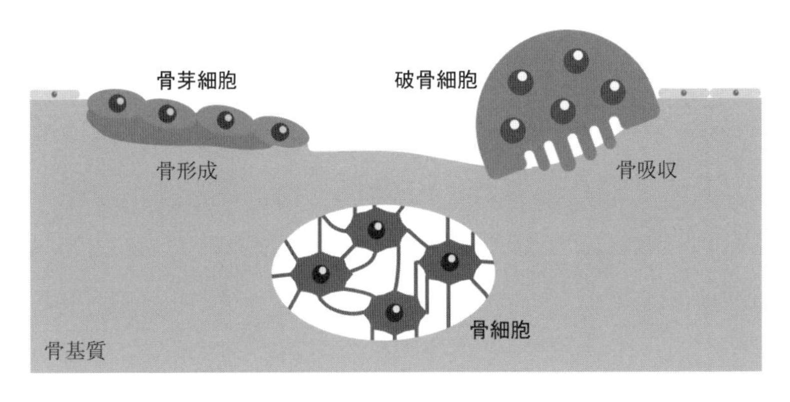

図 1.6 骨のリモデリングに関与する三つの細胞
〔京都大学 安達泰治教授より提供〕

細は不明である．これまでの報告では，骨中の骨細胞が長い突起を有しており，この部分が力学刺激に敏感に反応することから，メカノセンサーの機能を有していると考えられている[13]．骨細胞を中心とした破骨細胞，骨芽細胞のネットワークでの細胞相互の関係は，つぎのように考えられている[14]．通常の生理条件下では，破骨細胞と骨芽細胞の活動がバランスしており骨の恒常性が維持されているが，低荷重や高荷重状態になるとこのバランスが崩れ，骨量の増加による増強や骨量の低下による骨粗鬆症へといたる．骨細胞は，流れのせん断応力，張力，静水圧など種々の物理的刺激に応答することが知られているが[15]，どのような刺激が重要な役割を果たすのか，あるいはそれぞれが協調的に作用するのかなど，不明な点が多い[16]．

このほか，軟骨細胞，筋肉（平滑筋，骨格筋）細胞，有毛細胞などについても，多くの研究が活発に行われている．しかしながら，細胞のどの部位がどのような力を感知してメカノセンサーのはたらきをし，最終的に形態変化や機能発現にいたるかについては不明な点が多い．現在，細胞が力を感知している可能性のある部位については，図1.7に示す多くの部位が候補として挙げられている．このなかで，細胞膜の一部のチャネルがメカノセンサーとしてはたらいている[17]，あるいは焦点接着斑の中のタンパク質p130Casがメカノセンサーの役割をもっている[18]，などの報告がある．しかし残念ながら，細胞が力に対してどのような応答をしているかを統一して示すことができるメカノセンサーの存在や機構は明らかになっていないのが現状である．

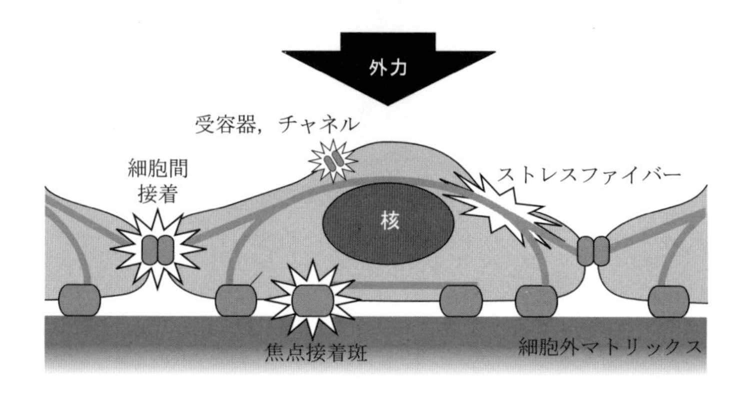

図1.7　細胞のメカノセンサー候補と考えられている部位

細胞に対する力学刺激の応答の結果として，典型的に挙げられるのは，細胞内Ca^{2+}濃度の例である．この結果として，種々のシグナル伝達が細胞内で起こり，種々の物質の産生に結びつくといったストーリーは，これまでの細胞生物学との連携で比較的理解しやすい．しかしながら，Ca^{2+}濃度の増加のように，細胞内に分散するイオンや化学物質では，細胞応答の方向性を理解するのが難しい．一般に細胞は，流れによるせん断応力では流れ方向に配向するのに対し，繰返し伸展刺激では直交して配向するといったように，負荷ベクトルと細胞応答方向の関係のような反応では，細胞内の構造が密接に関与していると考えられる．その候補が細胞骨格であり，焦点接着斑である．力学刺激に対して，細胞は同時多発的に種々の反応を起こすわけであるが，これらのいくつかが優先的に組み合わさって，物質の産生，タンパク質の形成，形態変化へと結びついていくのであろう．今後，これらの複雑に絡み合った糸を順次ほどいていくことによって，細胞の力学応答機構が解明されることが期待される．

1.4　本書の構成と各章の関連性

本書では，細胞をナノレベルの分子から，マクロな細胞本体およびその集合体としての器官まで，第2章から第6章まで章を追って構成しており，マルチスケールな視点で，物理的な力との関係を俯瞰する．

まず，第2章「細胞骨格アクチンフィラメントの分子メカノバイオロジー解析」において，ナノレベルの分子であり，かつ細胞の構成要素として重要な細胞骨格，なかでも細胞の形づくりや力に対して応答することで知られるアクチンフィラメントに焦点を当てる．ここでは，アクチンフィラメントの分子構造について概説した後，細胞接着や形態形成において，張力を伝達するその力学的機能について触れる．また最近，力学刺激に対して細胞内のアクチン細胞骨格が再構築される，すなわちその構成要素であるアクチンフィラメントがメカノセンシング機能を有している点がおおいに注目を集めている．そこで，分子動力学解析により，分子レベルのアクチンフィラメント構造ダイナミクスの仕組みを探る．

第3章「膜とチャネルの力学応答に関するマルチスケールメカノバイオロジー」では，メカノセンシング機能を有している細胞小器官としての細胞膜に焦点を当てる．とくに，細胞膜においてメカノセンシングを担う分子素子である機械受容チャネルに注目し，その動作機構について，細胞膜や細胞骨格との力学的相互作用，およびその下流で生じるチャネル開口におけるサブナノスケールの分子構造変化や微視的動力学に基づいて議論する．

第4章「細胞接着のメカノバイオロジー：細胞収縮性に依存した機能調節の仕組み」では，メカノセンシング機能を有する細胞接着に焦点を当て，細胞が力学環境を感知する機構について概観する．なかでも，細胞接着を制御する機能を有しているタンパク質としての非筋ミオシンⅡと，それがつくるタンパク質複合体であるストレスファイバーについて詳しく述べる．ストレスファイバーは，第2章で紹介するアクチンフィラメントが非筋ミオシンⅡとともに束を構成したもので，細胞接着と直接物理的に結合し，メカノセンシング機能を果たしていることで最近注目を集めている細胞内小器官である．

第5章「細胞のメカノトランスダクションと遺伝子応答」では，力学刺激を受けて種々の機能を発揮する細胞として，多くの研究が行われている血管内皮細胞に焦点を当てる．血管内皮細胞は，流れによるせん断応力や，血管壁の変形による張力刺激，さらには血圧による静水圧を同時に受けて機能している典型的な力学応答細胞の一つである．力学刺激を受けた内皮細胞がどのように応答してシグナルが伝達し，遺伝子を発現し，最終的に機能応答にいたるのかについて概説する．

第6章「細胞の力学刺激にともなう器官形成」では，血管内皮細胞が力学刺激を受けることによって血管を形成する機能について述べる．これは，創傷治癒における血管新生や，器官発生過程における血管構造の形成に深く関与しており，ここでは物理的な力がどのような役割を果たすのかについて触れる．また，最新の研究として，マイクロ流体デバイスに組織や器官を形成して，細胞の力学感知・応答機構を解明しようとする試みについても触れる．

以上，本書の構成と記載内容の流れについて概説した．細胞に対する力学刺激とその応答の視点からは，細胞内小器官の多くの部位が応答していることが知られており，それらについてはおおむね本書において触れる．ただし，重要な細胞内小器官としての細胞核については言及していないが，最近注目を集めており，多くの成果が論文としても発表されている．また，研究対象としての骨や呼吸器などの器官についても，積極的に研究が展開されている．生体の発生過程における器官形成においても，物理的な力が巧妙にはたらいている．生物の進化過程においても，水中から陸上に生活の場が移っただけでも大きな重力にさらされ，おのずと生体の器官形成や機能に影響を及ぼすことになる．これらのテーマも現在研究対象として注目を集めているので，ほかの成書[19-21]や論文などを参照していただきたい．

1.5　おわりに

生体を構成している細胞の多くが力を感知して機能していることは，本書の序文でも触れているとおり，多くの研究によって明らかになってきている．本章では，分子から細胞レベルに焦点を当てたメカノバイオロジーについて，おもにこれまでの研究の背景と現状について概説したが，応答機構についてはまだまだ不明な点が多いのが現状である．次章以降では，これまでの研究によって明らかになっている部分だけでなく不明な部分も指摘されているので，今後の研究の取組みに際して参考にしていただければ幸いである．

参考文献

[1]　Caro, C. G. Fitz-Gerald, J. M. and Schroter, R. C. Atheroma and arterial wall shear observation, correlation and proposal of shear dependent mass transfer mechanism for atherogenesis, Proc. Roy. Soc. London B 177, 109-159, 1971.

[2]　Fry, D. L. Certain chemorheological considerations regarding in blood vascular interface with particular reference to coronary artery disease, Suppl. IV to Circ. 39-40, 38-59, 1969.

[3]　Flaherty, J. T. Pierce, J. E. Ferrans, V. T. Patel, D. J. Tucker, W. K. and Fry, D. L. Endothelial nuclear patterns in the canine arterial tree with particular reference to hemodynamic events, Circ. Res. 30, 23-33,

1972.

[4] Kamiya, A. and Togawa, T. Adaptive regulation of wall shear stress to flow change in the canine carotid artery, Am. J. Physiol. 239, H14-21, 1980.

[5] Sakamoto, N. Saito, N. Han, X-B. Ohashi, T. and Sato, M. Effect of spatial gradient in fluid shear stress on morphological changes in endothelial cells in response to flow, Biochem. Biophys. Res. Comm. 395, 264-269, 2010.

[6] Yoshino, D. Sakamoto, N. Takahashi, K. Inoue, E. and Sato, M. Development of novel flow chamber to study endothelial cell morphology: Effects of shear flow with uniform spatial gradient on distribution of focal adhesion, J. Biomech. Sci. Eng. 8, 233-243, 2013.

[7] Davies, P. F. Flow-mediated endothelial mechanotransduction, Physiol. Rev. 75, 519-560 1995.

[8] 曽我部正博. 変形する細胞の“力覚”モデル. BIONICS 12 月号, 44-49, 2004.

[9] Takemasa, T. Sugimoto, K. and Yamashita, K. Amplitude-dependent stress fiber reorientaion in early response to cyclic strain, Exp. Cell Res. 230, 407-410, 1997.

[10] Ohashi, T. Sugaya, Y. Sakamoto, N. and Sato, M. Hydrostatic pressure influences morphology and expression of VE-cadherin of vascular endothelial cells, J. Biomech. 40, 2399-2405, 2007.

[11] Fung, Y. C. Perrone, N. and Anliker, M.(eds.). Biomechanics-Its Foundations and Objectives, Prentice-Hall, 1972.

[12] Singh, M., Nagrath, A. R. and Maini, P. S. Changes in Trabecular Pattern of the Upper End of the Femur as an Index of Osteoporosis J. Bone Joint Surg Am. 52, 457-467, 1970.

[13] Adachi, T. Aonuma, Y. Tanaka, M. Hojo, M. Takano-Yamamoto, T. and Kamioka, H. Calcium Response in Single Osteocytes to Locally Applied Mechanical Stimulus: Differences in Cell Process and Cell Body, J. Biomech. 42, 1989-1995, 2009.

[14] Iolascon, G. Resmini, G. and Tarantino, U. Mechanobiology of bone, Aging Clin. Exp. Res. 25, 3-7, 2013.

[15] Ren, L. Yang, P. Wang, Z. Zhang, J. Ding, C. and Shang, P. Biomechanical and biophysical environment of bone from the macroscopic to the pericellular and molecular level, J. Mech. Behav. Biomed. Mat. 50, 104-122, 2015.

[16] Dallas, S. L. Prideaux, M. and Bonewald, L. F. The osteocyte: An endocrine cell ... and more, Endocrine Rev. 34, 658-690, 2013.

[17] Naruse, K. Yamada, T. and Sokabe, M. Involvement of SA channels in orienting response of cultured endothelial cells to cyclic stretch, Am. J. Physiol. 274, H1532-H1538, 1998.

[18] Sawada, Y. Tamada, M. Dubin-Thaler, B. J. Cherniavskaya, O. Sakai, R. Tanaka, S. and Sheetz, M. P. Force sensing by mechanical extension of the Src family kinase substrate p130Cas, Cell 127, 1015-1026, 2006.

[19] Nagatomi, J. Mechanobiology Handbook, CRC Press. 2011.

[20] Jacobs, C. R. Huang, H. and Kwon, R. Y. Introduction to Cell Mechanics and Mechanobiology, Garland Science, 2012.

[21] 曽我部正博 編. メカノバイオロジー —細胞が力を感じ応答する仕組み—, 化学同人, 2015.

写真提供：123RF

第2章 細胞骨格アクチンフィラメントの分子メカノバイオロジー解析

執筆担当：安達泰治，松下慎二，井上康博

2.1 はじめに

アクチン細胞骨格（actin cytoskeleton）は，動的なシステムとして，細胞運動の駆動力を発生させ，周囲の力学環境に適応して細胞形態を保持し，また，細胞分裂などの形状変化を生み出している[1]．さらに，細胞が力学的刺激を感知する際，同構造がその感知機構の構成要素として機能していることが知られている[2]．これらの力学的な役割を果たすうえで，アクチン細胞骨格の動的な再構築（reorganization）の重要性が示唆されている[3-5]．

アクチン細胞骨格の構成要素であるアクチンフィラメント（actin filament）は，単量体のGアクチン（globular actin: G-actin）分子が二重らせん状に配置した分子構造を有している．このアクチンフィラメントが，Gアクチンの重合・脱重合にともない伸長・短縮することにより，アクチン細胞骨格の再構築機構はダイナミックに調整されている．この過程において，さまざまな生化学的因子が調整機能を担っており[6-10]，さらに，張力やひずみなどの力学的因子がアクチンフィラメントの力学特性や構造を変化させ，再構築現象に重要な影響を及ぼすことが報告されている[11,12]．したがって，力学的観点によりアクチンフィラメントの特性について検討することは，アクチン細胞骨格の再構築機能を理解するうえで重要な指針を与えるものとなる[13]．

そこで本章ではアクチンフィラメントに着目し，その分子構造ダイナミクスを解析することにより，分子スケールにおけるアクチンフィラメントのナノメカノバイオロジー研究を紹介する．このような研究は，分子スケールにおける力学－生化学連成機構と，細胞スケールにおける力との関係について，分子スケールから迫ることを可能にするだけでなく，細胞スケールにおける新たな実験的検討の指針を示すなど，アクチン細胞骨格の再構築現象の理解を発展させることが期待される．

2.2　アクチンフィラメントのメカノバイオロジー研究

2.2.1◆アクチンフィラメントの構造と力学的機能

アクチンは，真核細胞内においてもっとも量の多いタンパク質の一つであり，細胞内の全タンパク質重量の5%以上を占めている．アクチンの構造は，単量体のGアクチンと，重合してフィラメントをなすFアクチン（filamentous actin: F-actin）に大別される．Gアクチンは375個のアミノ酸残基から構成され，おおよそ球形状をしている（図2.1(a)）．Gアクチンは四つのサブドメインから構成され，サブドメイン1はアミノ酸残基番号1～32，70～144，338～375，サブドメイン2はアミノ酸残基番号33～69，サブドメイン3はアミノ酸残基番号145～180，270～337，およびサブドメイン4はアミノ酸残基番号181～269を含む．サブドメイン1，2とサブドメイン3，4の間には，深い溝が存在する．そのため，Gアクチンには，溝の入口側をマイナス端，反対側をプラス端とする極性が存在する．また，この溝の深部では，ATP，ADP（アデノシン二リン酸），あるいはADP-Piのいずれかのヌクレオチド（nucleotide）が静電力やファンデルワールス力により結合しており，同構造の構造・機能に大きく影響を与えている．

図(b)に示すように，アクチンフィラメントは，Gアクチンが重合することにより構成される直径約5～9 nmのらせん状二本鎖重合体である．Gアクチンの極性にともない，アクチンフィラメントにも極性が存在する．図(c)に示すように，アクチンフィラメントは，おもにプラス端において単量体アクチンと重合することにより伸長する．一方，マイナス端においては，単量体アクチンがフィラメントから脱重合することにより短縮する．

さらに，アクチンフィラメントは，さまざまな修飾タンパク質のはたらきにより，直線状の束，2次元の網目状構造，あるいは3次元のゲル状態などのさまざまな構造形態をとる（図(d)）．たとえば，アクチン線維を架橋するタンパク質であるα-アクチニン（α-actinin）と，ミオシンII（myosin-II）を含むアクチン細胞骨格は，ストレスファイバー（stress fiber）とよばれる束状の構造を形成する．また，Arp2/3複合体やフィラミンタンパク質は，アクチンフィラメントを架橋することにより，細胞膜直下に非常に微細な網目状構造を形成し，細胞膜を支持する構造として機能する．細胞膜直下のアクチンフィラメントは，細胞皮層を形成し，細胞表面の形態や挙動を決定する．たとえば，葉状仮足（lamellipodim）を形成し，細胞の突出力を生み出したり，また，糸状仮足（filopodium）を形成し，細胞の運動方向や細胞形態を決定する．

このように，アクチンフィラメントは，可逆的な重合・脱重合，および修飾タンパク質の結合にともない，その構造を絶えず再構築させている．これにより，細胞に機

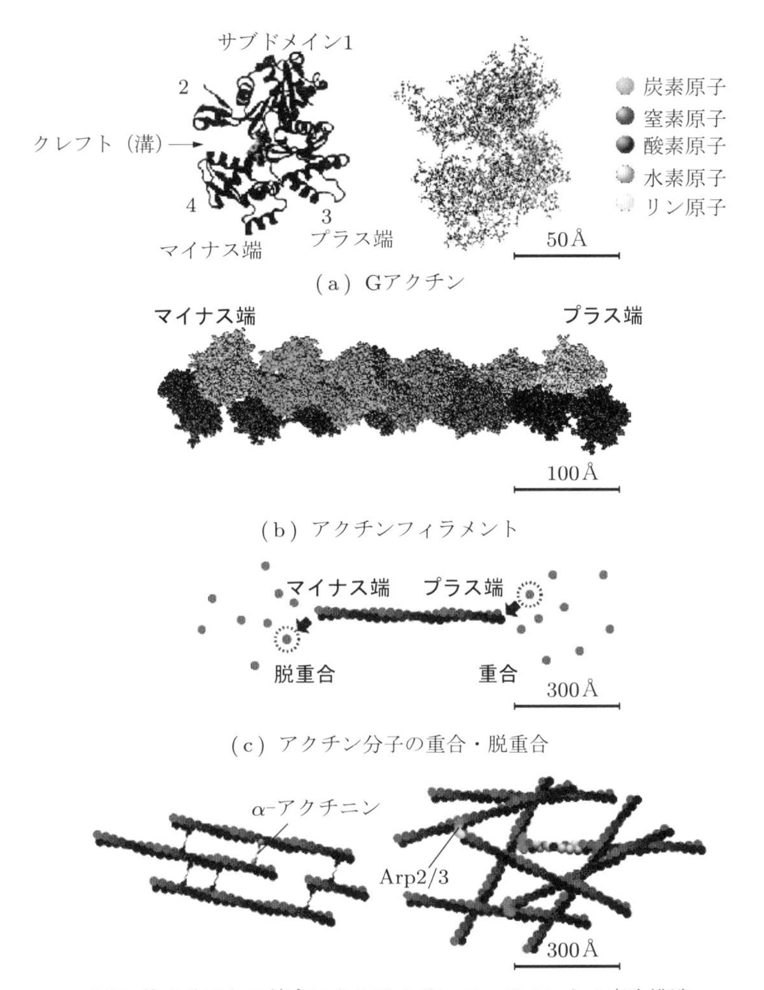

図 2.1 アクチンフィラメントの外階層構造（カラー口絵 p. I）

械的強度を付与し，細胞運動の駆動力を発生させ，また，細胞分裂などの細胞形状変化を生み出すなど，力学的に重要な機能を担っている．さらに，アクチンフィラメントは，微視的な分子レベルからネットワーク構造にまでいたる階層的な構造を有しているため，再構築現象を解明するには，ミクロにおいて数多くの分子が熱的ゆらぎのなかで相互作用し，それらがマクロにおいて動的システムとして発現する過程を，マルチスケール（多階層）メカノバイオロジーの観点から理解しなければならない[13]．そのような観点において，現象の基盤をなす分子レベルの構造ダイナミクスを把握することが重要となる．

2.2.2 ◆ 張力がアクチン細胞骨格に及ぼす影響

アクチンフィラメントの再構築は，細胞周囲，および細胞内部の力学環境の変化により調整されている．たとえば，アクチン細胞骨格の一種であるストレスファイバーは，繰返し伸展ひずみの負荷や，細胞外液によるせん断応力の負荷などの方向性をもった力学刺激により再構築され，そのファイバーネットワーク構造の配向方向が動的に変化することが報告されている[14]．

この力学刺激により誘起される再構築機構の解明を目的として，細胞・分子生物学的立場から多くの研究がなされてきた[11,15]．たとえば，Sato ら[16]は，伸縮性を有する基質をあらかじめ伸展させておき，その上で細胞を培養し，その後，基質の伸展を解放することで，アクチン細胞骨格に作用する張力を解放すると，細胞内のアクチン細胞骨格の脱重合が促進されることを報告した．さらに彼らは，個々のストレスファイバーがおかれている力学状態と脱重合現象を直接関連づけるために，細胞内のアクチン細胞骨格の張力を選抜的に解放させる実験を行った．これにより，張力が解放されたストレスファイバーのみが，脱重合して消失するという結果が得られた（図 2.2）．これらの報告から，ストレスファイバーに作用する張力の存在が，同構造の安定化において重要である可能性が指摘された．このように，細胞骨格スケールにおいて張力がアクチンフィラメントの構造を安定化する現象について解明されてきた．

これらの現象をより詳細に調べるために，上記の細胞レベル，ファイバーレベルの実験に加えて，アクチンフィラメントの詳細な分子挙動を観察することが重要である．とくに，同構造の力学特性をはじめ，力学的因子が同構造へ及ぼす影響を，分子スケールにおいて検討することが望まれる[17]．

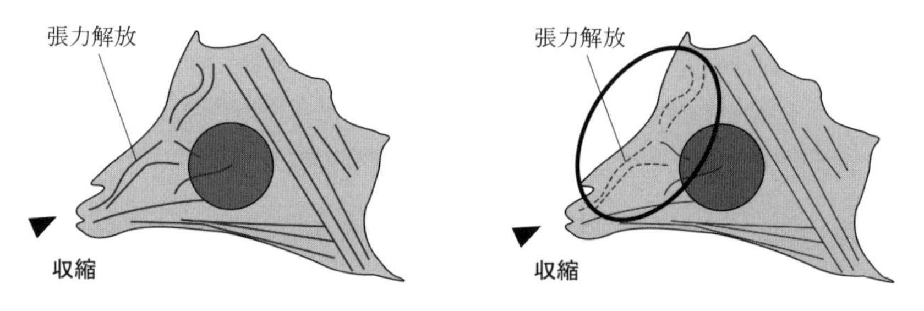

図 2.2　張力解放による細胞骨格ストレスファイバーの消失と再構築

2.2.3 ◆ アクチンフィラメントの力学－生化学連成機構

アクチンフィラメントは，さまざまなアクチン関連タンパク質による調整を受けている．たとえば，アクチンフィラメントのプラス端に結合し，新たなアクチン分子の重合を阻害するキャッピングタンパク質や，細胞質中のアクチン分子と結合することでその重合を調節するプロフィリン，アクチン細胞骨格の重合核や分岐構造を形成する Arp2/3 複合体などが存在する[18]．また，脱重合因子として機能するタンパク質であるコフィリン（cofilin）や，ゲルソリン（gelsolin）などの関与が知られている[19]．

そのなかでもコフィリンは，アクチンフィラメントと遊離サブユニットの両方に結合する特徴をもち，アクチンフィラメントの側面に結合することで，アクチン分子どうしの結合を不安定化させることが知られている[9]．コフィリンは，ATP 結合アクチンに比べて，ATP が加水分解された ADP 結合アクチンに結合しやすく，ADP 結合アクチンを線維のマイナス端から解離する．このようなアクチンフィラメントとコフィリンの相互作用のメカニズムを解明するため，これまでにさまざまな研究が行われてきた[8, 20]．

たとえば，Bamburg ら[6]は，コフィリンが二重らせん構造のアクチンフィラメントに結合することにより，アクチンサブユニット間のねじれ角が $-167°$ から $-162°$ に増加し，二重らせん半周期構造に含まれるアクチン分子が 13 個から 10 個に変化すると報告している．これらの報告を受け，コフィリンがアクチンフィラメントに結合する際，従来指摘されていたアクチンの N 末端と C 末端を含むサブドメイン 1 に加え，サブドメイン 2 に含まれるアミノ酸残基 42〜45 が結合に関与するとの指摘もされている[7]．このようにコフィリンは，アクチン分子との相互作用により，アクチンフィラメントのねじれ構造を変化させ，同構造を切断し，脱重合因子としてはたらいていると考えられる．

さらに，アクチンフィラメント構造の再構築において，生化学的因子と力学的因子との複合的かつ協調的なプロセスが重要な役割を担っている[1]．とくに，力学的因子がアクチンフィラメントの幾何的な分子構造を変化させることにより，フィラメントの力学的安定性が変化し，生化学シグナルの結合活性へとつながることが指摘されている．その結果，重合・脱重合，切断，分岐などのダイナミクスがたくみに調節され，アクチン細胞骨格全体としての機能ダイナミクスがつくり出されている（図 2.3）．

Hayakawa ら[5]は，光ピンセットを用いて 1 本のアクチンフィラメントに張力を作用させることにより，張力がアクチンフィラメントへのコフィリンの結合を阻害し，切断活性を減少させることを報告した．しかしながら，分子スケールにおける力学－生化学連成機構がどのような作用機序により引き起こされているのかについては，いまだ明確な答えが得られておらず，分子スケールの挙動を，力学的見地により取り扱う方法論が必要である．

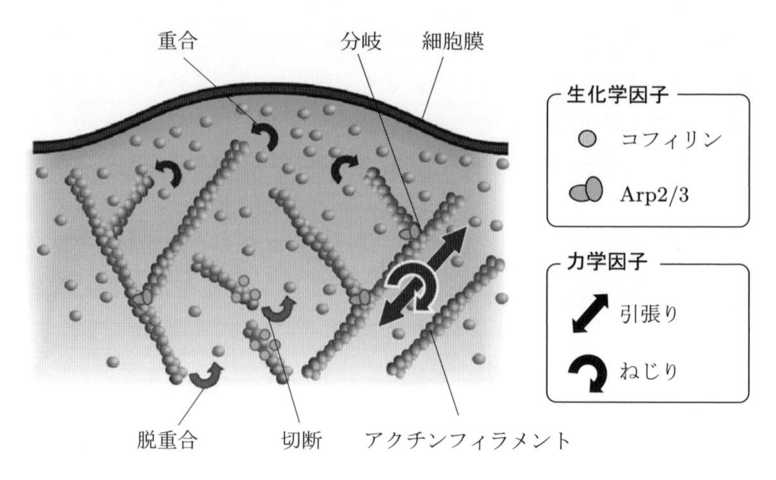

図 2.3　アクチンフィラメントネットワークのダイナミクスにおける力学的因子と生化学的因子の連成

2.2.4 ◆ 分子動力学法を用いたアクチンフィラメントの力学挙動解析

アクチンフィラメントの力学挙動を解析するために，さまざまなシミュレーションモデルが提案されてきた[13, 21]．たとえば，複雑な分子構造をドメインやサブユニットの集合体として扱う SSM（substructure synthesis method）を用いてアクチンフィラメント構造を連続体とするモデル[22]や，G アクチン分子内の四つのサブドメインをそれぞれ一つの粒子としてモデル化する CG（coarse-grained）モデル[23]が提案されている．これらのモデルは，細胞骨格構造の力学的性質を特徴づける枠組みを理解することができ，マルチスケールバイオメカニクスの一つのアプローチとして非常に有用な手法である．しかしながら，細胞質内において，アクチンフィラメントの構成原子は熱的に振動し，それにともない，分子構造は，アミノ酸残基スケールから二重らせん構造スケールにいたるまで，さまざまなスケールで複雑に変化し続けている．この分子構造の動的なふるまいこそが，アクチン分子の形態変化を誘発し，アクチン分子が有する機能を発現する源となる．したがって，熱ゆらぎを考慮したアクチン分子構造の運動を観察することが，アクチンフィラメントの再構築機能を解明する鍵となる．

アクチン分子の挙動を理解する一つの手法として，分子動力学法（molecular dynamics：MD 法）が活用されている．分子動力学法は，分子集団系の全構成原子に対してニュートンの運動方程式を解くことで，対象とする分子の軌跡を求める古典力学的手法である．ここで，i 番目の原子の位置を x_i，質量を m_i，作用する力を F_i とする．分子動力学法では，原子を最小単位として扱うため，フェムト（femto: 10^{-15}）

秒オーダーの時間分解能，Å（angstrom: 10^{-10} m）オーダーの空間分解能で分子の挙動を観測することが可能となる．このような高い分解能を有する分子動力学法は，アクチン分子の精密な挙動を観察しうる有用な手法である．

分子動力学法を用いたアクチン分子の挙動の解析として，Schulten ら[24]による一連の研究が報告されている．彼らは，ADP または ATP が結合したアクチン単量体に対して水溶媒内における平衡化シミュレーションを行い，ヌクレオチドのリン酸基周辺領域の水分子の拡散経路を観察した．その結果，ATP が結合したアクチン分子の構造と，ADP が結合した構造においては水分子の拡散方向が逆になることが示された．この結果より，アクチン分子内の ATP の加水分解により解離したリン酸の拡散方向が示唆された．

また，Pfaendtner ら[25]は，フィラメント状のアクチン分子に分子動力学法を適用した．ATP，ADP の結合したフィラメント構造を用いて，ヌクレオチドがフィラメントの分子構造に及ぼす影響を解析した．その結果，アクチン分子のサブドメイン 2 の先端に存在する DB ループがフィラメントの安定性に寄与することが解明された．

さらに，分子動力学法おいて，局所的に外力を負荷する手法として，SMD（steered molecular dynamics：操作型分子動力学）法が提案されている[26]．SMD 法は，生体分子の静電的結合や解離のダイナミクス，弾性特性の解析に適した手法として広く使用されている[27-29]．Wriggers ら[24]は，SMD 法を用いて解離後のリン酸の放出挙動を調べた．解離した直後のリン酸に対して，その拡散方向へ引張力を与え，アクチン分子の溝の深部から放出される過程における力と解離エネルギーを測定した．その結果，同じく溝の深部に存在する Ca^{2+} との相互作用が，リン酸の解離挙動に影響を及ぼすことが示された．また，拡散経路上にあるアミノ酸残基がリン酸と塩橋を形成し，リン酸の放出を妨げることが示唆された．

また，Dalhaimer ら[30]は，Wriggers[24]らと同様に，アクチン分子内のヌクレオチドの結合に着目し，ヌクレオチドとアクチン関連タンパク質 Arp3 が，アクチン単量体の構造・挙動に及ぼす影響について解析した．その結果，ヌクレオチドの違いにより，アクチン分子の溝の幅が異なるなど，アクチン分子構造がそれぞれ異なることが示唆された．さらに，Arp3 の結合により，アクチン分子の相関的な運動が引き起こされるなど，アクチン単量体の挙動にも影響を及ぼすことが解明された．

以上のように，分子動力学法は，アクチン分子の構造変化や，その内部で生じる生化学的相互作用を解析する手法としてたいへん有用である．そこで，つぎの 2.3 節では，アクチンフィラメントに分子動力学法を適用し，その分子挙動解析を通じて同構造の力学特性を評価する．さらに 2.4 節では，SMD 法を用いて，張力がアクチンフィラメントの分子構造・力学特性に及ぼす影響について検討する．

2.3 分子動力学シミュレーションによるアクチンフィラメントの力学特性評価

アクチン細胞骨格が機能と密接に関連した構造をとるうえで，アクチンフィラメントの重合・脱重合，切断，分岐，および架橋にともなう同構造の動的な形態変化が重要となる[1,21]．このようなアクチンフィラメントの形態変化は，引張り，ねじり，曲げなどの力学的挙動と関連することが指摘されており[11,12]，アクチンフィラメントが担う機能を解明するうえで，同構造の力学特性を評価することが重要である．

分子スケールのピコ秒（ps）からナノ秒（ns）スケールにおける力学挙動を解析する手法として，分子動力学法に基づいた数値シミュレーションが広く用いられている[28]．アクチンフィラメント[23,25]やアクチン単量体[30]に対する分子動力学シミュレーションにより，アクチンのDBループやヌクレオチドの力学挙動が明らかにされてきた．このように，分子動力学法をアクチンフィラメントに適用することにより，アクチン分子の構造ダイナミクスを定量的に観測するとともに，そのナノスケールの熱ゆらぎに基づいたフィラメントの剛性評価が可能である．

そこで本節では，分子動力学法を用いて，エネルギー平衡状態におけるアクチンフィラメントのナノスケールの熱ゆらぎを解析することにより，アクチンフィラメントの引張剛性およびねじり剛性を定量的に評価する．

2.3.1 ◆ アクチンフィラメントの分子構造の構築

アクチンフィラメントの分子構造は，PDB（protein data bank）に登録されている1MVW[31,32]を用いた．同構造から，図2.4に示すアクチンフィラメント（アクチンサブユニット14個，80,836原子）を取り出した．アクチンフィラメントは，およそ13個のアクチンサブユニットで半周期構造をなす二重らせん構造を形成し，本構造

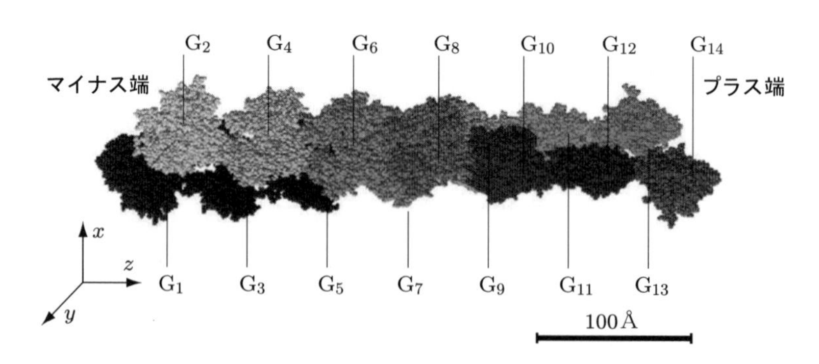

図2.4　アクチンサブユニット14個からなるアクチンフィラメントの分子構造モデル
（文献[53]より，Elsevier社の許諾を得て転載．Fig. 1を改変）

モデルはその半周期長さに相当する．アクチンフィラメントの分子構造の中心軸を z 軸と定義し，図に示すように，z 軸方向マイナス端側のアクチンサブユニットから順に，アクチンサブユニット $G_1, G_2, \ldots, G_{14}$ と名づけた．アクチンフィラメント分子構造の x 軸方向長さ，y 軸方向長さ，z 軸方向長さは，それぞれ，97.5 Å，97.1 Å，425 Åであった．

細胞内におけるアクチンフィラメントの状態を再現するために，細胞質モデルとして，水分子とイオンを配置する必要がある．水分子モデルは，TIP3P モデル[33]を用いた．図 2.5 に示すように，アクチンフィラメント周囲の直方体領域（x 軸方向長さ 117 Å，y 軸方向長さ 118 Å，z 軸方向長さ 473 Å）に水分子を配置する．また，系全体の電荷を中性に保つため，Na^+，Cl^- をあわせて 30 mM 配置し，初期の分子構造モデルとした．アクチンフィラメントの分子構造 80,836 原子に対して，水分子 138,404 個とイオン 386 個（236 Na^+，150 Cl^-）が付加され，合計 496,434 原子から構成される系を構築した．

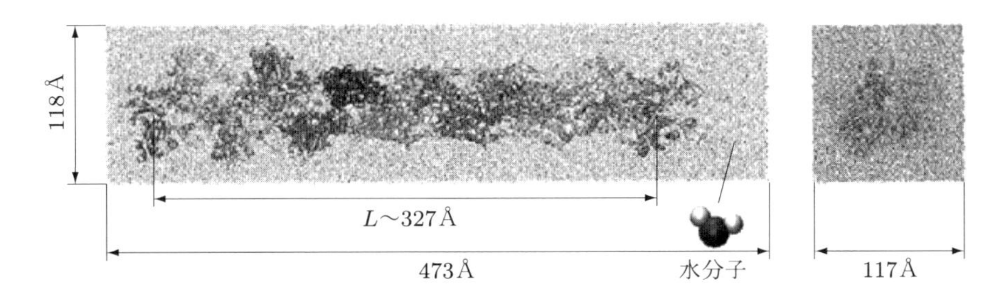

図 2.5　水分子・イオンを付与したアクチンフィラメント構造モデル（カラー口絵 p. I）

2.3.2 ◆ アクチンフィラメントの力学特性評価法

(A) フィラメント長さとねじれ角の定義

二重らせん構造を有するアクチンフィラメントの構造変化を，フィラメント構造の長さ $L(t)$，およびねじれ角 $\Theta(t)$ を用いて評価する．まず，時刻 t におけるアクチンフィラメントの長さを，図 2.6 に示すように，アクチンサブユニット G_{13} と G_{14} の重心位置の z 座標値 $z_{\mathrm{plus}}(t)$，および G_1 と G_2 の重心位置の z 座標値 $z_{\mathrm{minus}}(t)$ を用いて

$$L(t) = z_{\mathrm{plus}}(t) - z_{\mathrm{minus}}(t) \tag{2.1}$$

と定義する．つぎに，フィラメント構造のねじれ角を，アクチンサブユニット G_1，G_2，および G_{13}，G_{14} の x-y 平面における位置座標 $\boldsymbol{P}_{G_i}(t)$ により定義される二つのベクトル

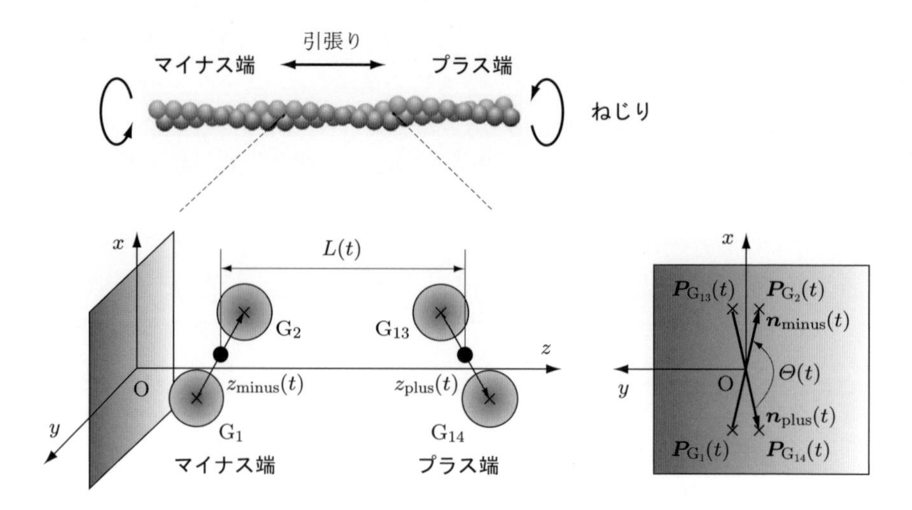

図 2.6　アクチンフィラメントモデルの長さ $L(t)$ とねじれ角 $\Theta(t)$ の定義
（文献[53]より，Elsevier 社の許諾を得て転載．Fig. 2 を改変）

$$\boldsymbol{n}_{\mathrm{minus}}(t) = \boldsymbol{P}_{\mathrm{G_2}}(t) - \boldsymbol{P}_{\mathrm{G_1}}(t) \tag{2.2}$$

$$\boldsymbol{n}_{\mathrm{plus}}(t) = \boldsymbol{P}_{\mathrm{G_{14}}}(t) - \boldsymbol{P}_{\mathrm{G_{13}}}(t) \tag{2.3}$$

を用いて，

$$\Theta(t) = \cos^{-1}\left\{\frac{\boldsymbol{n}_{\mathrm{plus}}(t)}{|\boldsymbol{n}_{\mathrm{plus}}(t)|} \cdot \frac{\boldsymbol{n}_{\mathrm{minus}}(t)}{|\boldsymbol{n}_{\mathrm{minus}}(t)|}\right\} \tag{2.4}$$

と定義する．

（B）引張り・ねじり剛性の評価法

フィラメント長さおよびねじれ角に対して，サンプリング時間幅 Δt におけるそれぞれの分散を

$$\langle \Delta L^2(t) \rangle_{\Delta t} = \langle (L(t) - \langle L(t) \rangle_{\Delta t})^2 \rangle_{\Delta t} \tag{2.5}$$

$$\langle \Delta \Theta^2(t) \rangle_{\Delta t} = \langle (\Theta(t) - \langle \Theta(t) \rangle_{\Delta t})^2 \rangle_{\Delta t} \tag{2.6}$$

と定義する．ここで $\langle\ \ \rangle_{\Delta t}$ は，時間幅 Δt における区間（$t - \Delta t/2,\ t + \Delta t/2$）の時間平均値とする．すなわち，式(2.5)，(2.6)は，それぞれフィラメント構造の長さ方向およびねじれ方向に対するサンプリング時間幅間の熱ゆらぎ量を表す．

エネルギー平衡状態において，アクチンフィラメント構造の引張方向のバネ定数

$k_{\mathrm{ext}}(t)$，および，ねじれ方向のバネ定数 $k_{\mathrm{tor}}(t)$ は，熱ゆらぎ量とエネルギー等分配則により

$$\frac{1}{2}k_{\mathrm{ext}}^{\Delta t}(t)\langle \Delta L^2(t)\rangle_{\Delta t} = \frac{1}{2}k_B T \tag{2.7}$$

$$\frac{1}{2}k_{\mathrm{tor}}^{\Delta t}(t)\langle \Delta \Theta^2(t)\rangle_{\Delta t} = \frac{1}{2}k_B T \tag{2.8}$$

と関連づけられる．ここで，$k_B = 1.38065 \times 10^{-23}$ [J·K^{-1}] はボルツマン定数，$T = 310$ [K] は環境温度を表す．式(2.7), (2.8)の左辺はアクチンフィラメント構造の熱ゆらぎによるひずみエネルギーを表し，同右辺は1自由度に与えられる熱エネルギーを表す．

さらに，式(2.7), (2.8)を整理すると，時刻 t における引張方向のバネ定数 $k_{\mathrm{ext}}^{\Delta t}(t)$ およびねじれ方向のバネ定数 $k_{\mathrm{tor}}^{\Delta t}(t)$ が

$$k_{\mathrm{ext}}^{\Delta t}(t) = \frac{k_B T}{\langle \Delta L^2(t)\rangle_{\Delta t}} \tag{2.9}$$

$$k_{\mathrm{tor}}^{\Delta t}(t) = \frac{k_B T}{\langle \Delta \Theta^2(t)\rangle_{\Delta t}} \tag{2.10}$$

と導出され，それぞれサンプリング時間幅に依存することがわかる．ここでは，慣例的に求められてきた1 μm 長さあたりの引張剛性

$$K_{\mathrm{ext}}^{\Delta t}(t) = \frac{\langle L(t)\rangle_{\Delta t}}{1\ [\mu\mathrm{m}]}\, k_{\mathrm{ext}}^{\Delta t}(t) \tag{2.11}$$

および，単位長さあたりのねじり剛性

$$K_{\mathrm{tor}}^{\Delta t}(t) = \langle L(t)\rangle_{\Delta t}\, k_{\mathrm{tor}}^{\Delta t}(t) \tag{2.12}$$

を評価する．

（C）分子動力学シミュレーション

2.3.1項において構築したアクチンフィラメント構造を用いて，ここでは緩和および平衡状態シミュレーションを行う．まず，アクチンフィラメント周囲の直方体領域（x 軸方向長さ 117 Å，y 軸方向長さ 118 Å，z 軸方向長さ 473 Å）を基本セルとして，全方向周期境界条件を設定し，環境温度 310 K，圧力 1.0 atm として等温・等圧制御（NPT アンサンブル）した．また，クーロン力に対しては PME（particle mesh

Ewald）法[34]を用い，分子間力に対してはカットオフ法を用いて計算した．計算の最小刻み幅は 2 fs/step として，時間 12.0 ns の系の緩和シミュレーションを行った．この十分に緩和されたアクチンフィラメント構造に対して，同条件のもと，さらに 25.0 ns の平衡状態シミュレーションを行い，構造ゆらぎの評価を行った．

2.3.3◆アクチンフィラメント構造の剛性評価結果

まず，エネルギー平衡状態における，フィラメント構造の長さ方向とねじれ方向の熱ゆらぎの結果を示す．つぎに，得られた熱ゆらぎに基づいて，引張・ねじり剛性を導出し，その時間変化について考察する．

(A) フィラメント長さとねじれ角の熱ゆらぎ

平衡状態シミュレーション中におけるフィラメント長さ $L(t)$ およびねじれ角 $\Theta(t)$ の時間変化を図 2.7 に示す．時間変化のデータの刻み幅は 1.0 ps であり，シミュレーション時間 25.0 ns に対して，全 25,000 点をプロットした．図に示すように，エネルギー平衡状態において，アクチンフィラメント構造の長さ方向，およびねじれ方向の熱ゆらぎが観測される．全シミュレーション時間におけるフィラメント長さの平均値は 326.6 Å であり，標準偏差は 0.6 Å であった．この値から，熱ゆらぎによる引張方向のひずみは～0.2% であることがわかる．また，フィラメントのねじれ角の平均値は 182.2 deg であった．フィラメントのねじれ角の標準偏差は 6.6 deg であり，熱ゆらぎによる比ねじれ角は～0.02 deg/Å であることがわかる．これらの熱エネルギーによりもたらされる構造の熱ゆらぎは，アクチンフィラメントの剛性を反映している．

(B) 引張・ねじり剛性の定量評価

得られたフィラメント長さ，およびねじれ角に対して，式(2.11)，(2.12)を用いて，時刻 t における引張剛性 $K_{\mathrm{ext}}(t)$ およびねじり剛性 $K_{\mathrm{tor}}(t)$ を算出した．ここで，サンプリング時間幅は，$\Delta t = 0.5$，1.0，2.0，4.0，8.0，16.0 ns の 6 通りとした．

フィラメント長さの分散の時間変化を図 2.8(a)に，引張剛性の時間変化を図(b)に示す．ここで，各線は異なるサンプリング時間幅に対する引張剛性を表している．また，図(b)に示す破線は，μm オーダーのアクチンフィラメントを用いて測定された実験値を表す[35]．アクチンフィラメントの分子構造が時間変化するため，図(a)，(b)に示すように，フィラメント長さの分散および引張剛性は時間的に変動する．平衡状態におけるアクチンフィラメントは，アミノ酸残基スケールからアクチンサブユニットスケールにいたるまで絶えず構造を変化させ，時刻 t 近傍において，フィラメントの分子挙動は変化する．その結果，フィラメント長さの分散は時間変動し，分散により

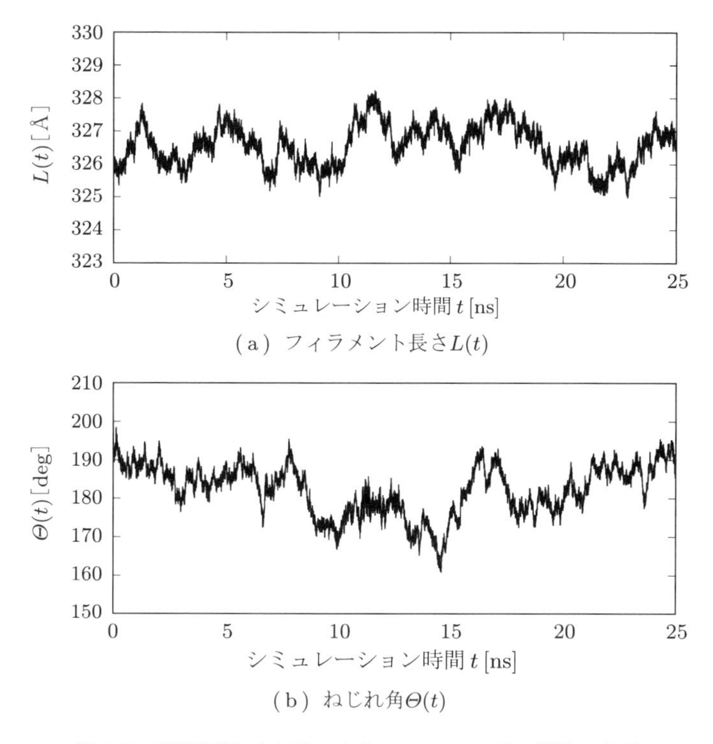

図 2.7 平衡状態におけるアクチンフィラメントの構造ゆらぎ
(文献[53]より，Elsevier 社の許諾を得て転載．Fig. 3 を改変)

決定される剛性も時間変動することになる．さらに，引張剛性のサンプリング時間幅に対する依存性を解析するために，各時間幅に対するアクチンフィラメント構造の引張剛性の時間変化について，区間幅 0.5 N/m のヒストグラム表示したものを図(c)に示す．ここで，グラフの横軸はサンプリング時間幅であり，黒実線は各サンプリング時間幅に対する引張剛性の平均値を示す．図(c)に示すように，サンプリング時間幅の増大にともない，引張剛性は減少し，ある値に収束する傾向がみられた．この収束の一因として，サンプリング時間幅のスケールにより，観測可能なフィラメントの熱ゆらぎの空間スケールが決定されることが挙げられる．すなわち，短いサンプリング時間幅に対しては，アクチンサブユニットのゆらぎやアミノ酸残基のゆらぎなどの小さな構造スケールの熱ゆらぎしか観測され得ない．一方，長時間のサンプリング時間幅に対しては，さらにフィラメント構造スケールの大きな熱ゆらぎも観測される．その結果，長時間スケールにおいて，フィラメント長さおよびねじれ角に対して大きな分散が観測され，得られた引張剛性は，巨視的特性に近い値に評価されることが推察される．もっとも長いサンプリング時間幅 16.0 ns において，引張剛性は，0.035 ±

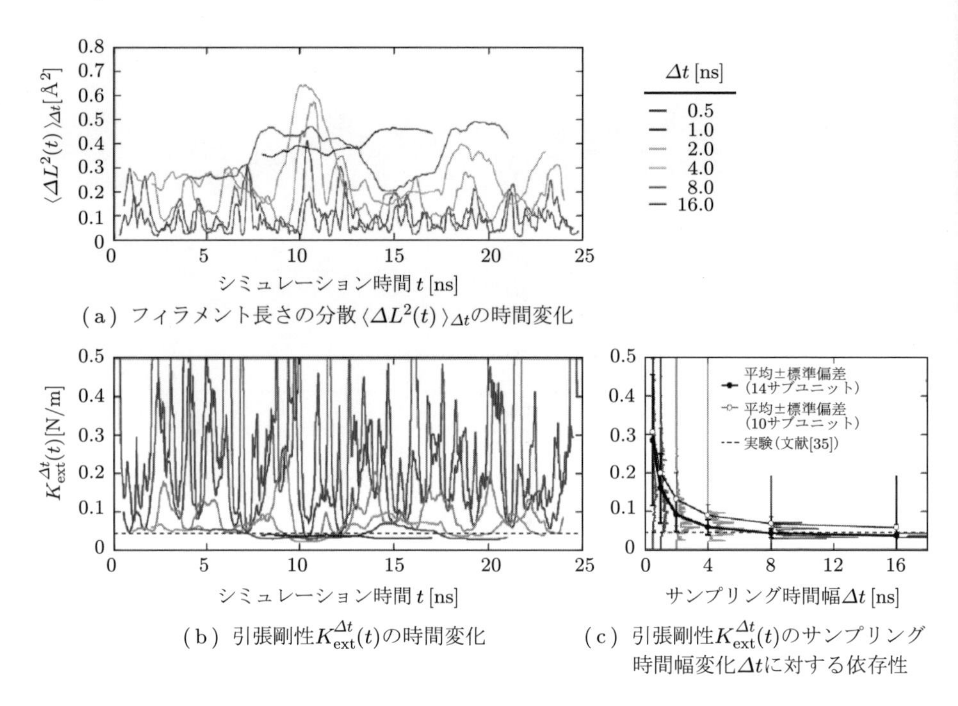

(a) フィラメント長さの分散 $\langle \Delta L^2(t) \rangle_{\Delta t}$ の時間変化

(b) 引張剛性 $K_{\mathrm{ext}}^{\Delta t}(t)$ の時間変化

(c) 引張剛性 $K_{\mathrm{ext}}^{\Delta t}(t)$ のサンプリング時間幅変化 Δt に対する依存性

図2.8　アクチンフィラメント構造の引張剛性解析結果（カラー口絵 p. II）
（文献[53]より，Elsevier 社の許諾を得て転載．Fig. 4 を改変）

0.004 N/m と評価された．これは，図(c)に破線で示す実験値 0.0437 ± 0.0046 N/m[35] とよい一致を示した．

つぎに，アクチンフィラメントのねじれ角の分散の時間変化を図2.9(a)に，ねじり剛性の時間変化を図(b)に示す．さらに，ねじり剛性に対して，区間幅 0.5 N/m のヒストグラム表示したものを図(c)に示す．ここで，破線は実験値を表す[37]．ねじれ角の分散およびねじり剛性は，フィラメント長さの分散および引張剛性と同様のふるまいをし，サンプリング時間幅の増大にともない，ねじり剛性は減少し，ある値に収束する傾向がみられた．もっとも長いサンプリング時間幅 16.0 ns において，ねじり剛性は，$(1.1 \pm 0.1) \times 10^{-26}$ N·m^2/rad と評価された．これは，実験値 $(0.23 \pm 0.10) \times 10^{-26}$ N·m^2/rad[37] と比較して，わずかに大きな値である．

さらに，フィラメントの末端が剛性に及ぼす影響を調べるため，フィラメント構造の中心部の 10 個のサブユニットから構成されるフィラメント（G_3～G_{12}）の分子挙動を解析した．フィラメントの中心部から測定された引張剛性，およびねじり剛性を図2.8(c)，2.9(c)中に白点で示す．同図に示されるように，中心部のフィラメントの剛性は，末端を含む 14 個のアクチンサブユニットのフィラメントと比較して，わずか

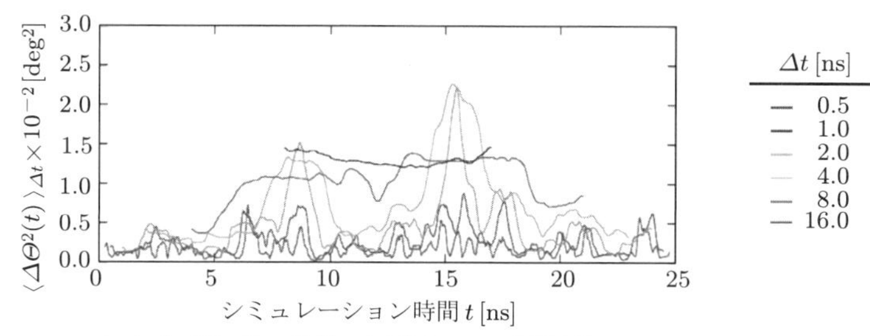

(a) ねじれ角の分散 $\langle \Delta\Theta^2(t) \rangle_{\Delta t}$の時間変化

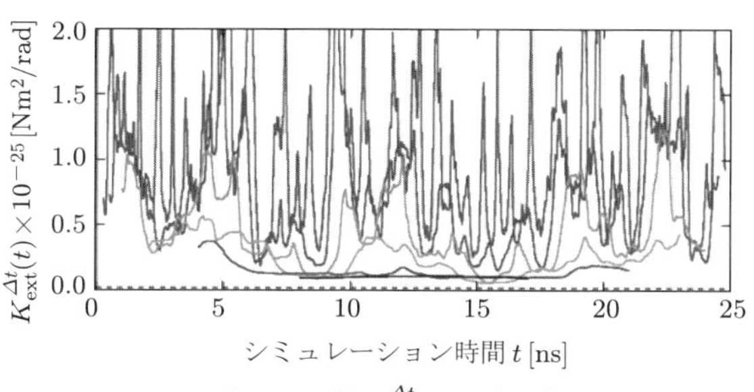

(b) ねじり剛性$K_{\mathrm{tor}}^{\Delta t}(t)$の時間変化

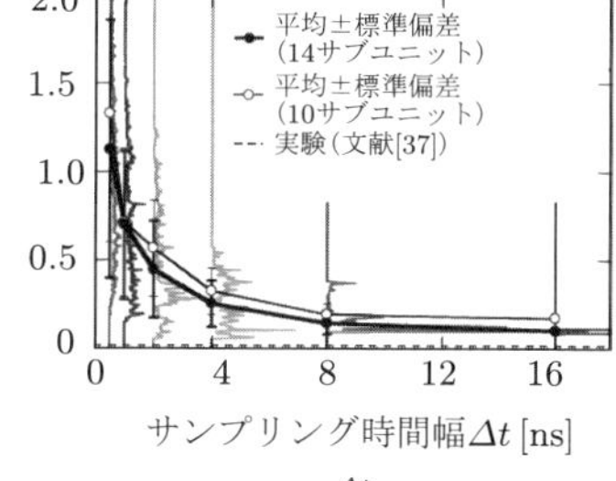

(c) ねじり剛性$K_{\mathrm{tor}}^{\Delta t}(t)$のサンプリング時間幅$\Delta t$に対する依存性

図 2.9 アクチンフィラメント構造のねじり剛性解析結果（カラー口絵 p. II）
（文献[53]より，Elsevier 社の許諾を得て転載．Fig. 5 を改変）

に大きな剛性を示した．このことから，フィラメントの剛性を評価するうえで，フィラメントの末端の影響がわずかにあることが推察された．

2.3.4 ◆ ナノスケール時間・空間特性

(A) アクチンフィラメントの剛性の重要性

本節では，分子動力学シミュレーションを用いて，無負荷状態におけるアクチンフィラメントの分子構造の長さ方向およびねじれ方向の熱ゆらぎを解析し，エネルギー等分配則から同構造の引張・ねじり剛性を評価した．その結果，短時間スケールにおいては，フィラメント構造全体としての熱ゆらぎが観測されないため，引張剛性およびねじり剛性は，巨視的力学特性と比べて過大に評価されることが示された．一方，長時間スケールにおいて，フィラメントスケールにおける構造ゆらぎが観測されるにつれて，剛性はある一定の値に収束する傾向が示された．

以上のように，評価に用いる時間スケールに応じて，アクチンフィラメントの剛性は大きく異なることが明らかになった．とくに，短時間スケールにおける剛性値は，実験値と比べて大きな値となる．アクチンフィラメント内で生じる ADP・ATP の乖離などのさまざまな生化学的現象のなかには，ナノ秒オーダーで生じる例が報告されている[24]．このような生化学的現象にとって，短時間の時間スケールにおける剛性は，非常に重要な意味をもつことが考えられる．

長時間スケールで測定される剛性は，アクチンフィラメントをとりまくイオン水溶液の種類および濃度に依存することが報告されている[36]．本シミュレーションでは，0.03 M の Na^+，Cl^- 水溶液を用いた．一方，比較した実験[36]は，0.03 M の K^+，Cl^- に Mg^{2+} および Ca^{2+} を加えた水溶液を用いて測定している．とくに，Ca^{2+} はアクチンの重合頻度に影響を及ぼす重要な生化学的因子であることが知られている．このイオンの種類および濃度の相違が，アクチンフィラメントの剛性に影響を及ぼしたことが示唆される．

ほかの生体分子の力学特性と比較するため，アクチンフィラメントの見かけの等価なヤング率を推定した．フィラメントを円形断面の均質なロッドと仮定すると，等価なヤング率は，$E = k_{\mathrm{ext}}\, L/A$ [N/m^2] と表される．ここで，A はフィラメントの断面積であり，フィラメントの直径から $A \sim 25\ \mathrm{nm}^2$ と見積もられる．したがって，半周期構造のフィラメントの引張方向のバネ定数 k_{ext}，長さ L，および断面積 A から，等価なヤング率を $1.4 \times 10^9\ \mathrm{N/m^2}$ と見積もった．ほかの生体分子のヤング率

ビメンチン（vimentin）：$5.4 \times 10^8\ \mathrm{N/m^2}$ [37]

チューブリン（tubulin）：$2.2 \times 10^9\ \mathrm{N/m^2}$ [38]

トロポコラーゲン（tropocollagen）：$7.0 \times 10^9\ \mathrm{N/m^2}$ [39]

とアクチンフィラメントのヤング率のオーダーは，ほぼ同程度である．

(B) サブユニット間の力学特性の推定

アクチンサブユニットは中央に溝構造を備えた形をしており，幾何的に非対称性を有している．そのため，アクチンフィラメントの構造にも極性が存在する．このフィラメントの極性は，アクチンの重合・脱重合をともなうアクチンダイナミクスを理解するうえで重要である．したがって，フィラメント全体の力学特性に加えて，フィラメントの内部の局所的な特性，すなわちフィラメントプラス端近傍およびマイナス端近傍におけるアクチンサブユニット間の力学特性を明らかにすることが望まれる．そこで，分子動力学シミュレーションを用いて得られるアクチンフィラメント分子構造の動的なふるまいにもとづいて，アクチンサブユニット間のポテンシャル関数に着目し，サブユニット間の力学特性を評価する．

図 2.10 に示すように，アクチンサブユニット間の軸方向長さを，二本鎖のねじれ構造を考慮しない二体重心間長さ $b_{i\text{-}j}$ により定義する．ここでは，隣接する二体のアクチンサブユニット G_1 と G_2，G_3 と G_4，…，G_{13} と G_{14} の重心の z 座標値を，$z_i(t)$

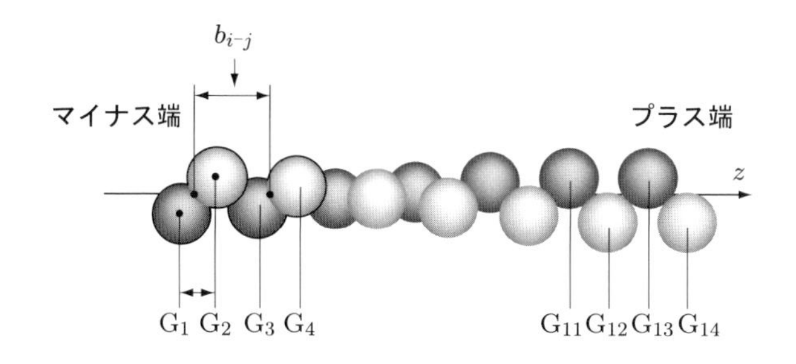

図 2.10 二つのサブユニット間の距離 b_{i-j}

$(1 \leq i \leq 7)$ とすると，二体重心間長さ $b_{i\text{-}j}(t)$ を

$$b_{i\text{-}j}(t) = |z_i(t) - z_j(t)| \tag{2.13}$$

により定義した．一定温度 T において，アクチンフィラメントが熱平衡状態にあるとき，アクチンサブユニット間長さ $b_{i\text{-}j}(t)$ の確率分布 $P_{i\text{-}j}(b_{i\text{-}j})$ はカノニカル分布をとることから，ポテンシャル $U_{i\text{-}j}(b_{i\text{-}j})$ は，

$$U_{i\text{-}j}(b_{i\text{-}j}) - U_0 = -k_B T \log P(b_{i\text{-}j}) \tag{2.14}$$

に従う．ここで，k_B はボルツマン定数を表す．したがって，分子動力学シミュレーションより得られた $P_{i\text{-}j}(b_{i\text{-}j})$ を式(2.14)に代入することで，ポテンシャルを得ることができる．得られたポテンシャルを定量的に評価するため，ポテンシャルの近似曲線を計算する．ここでは，ポテンシャルを 4 次の多項式

$$U^{\text{4th-order}}(b_{i\text{-}j}) = \alpha(b_{i\text{-}j} - h)^2 + \beta(b_{i\text{-}j} - h)^3 + \gamma(b_{i\text{-}j} - h)^4 + U_0 \tag{2.15}$$

により近似する．h はアクチンサブユニットの二体重心間長さの平均値を表す．また，U_0 はカノニカル分布の規格化定数の対数であり，ポテンシャルエネルギーとしての意味はもたない．

アクチンサブユニット間の構造ゆらぎの時系列データ $b_{i\text{-}j}$ より算出されたすべてのポテンシャルについて近似関数を求め，その近似関数に対して，ポテンシャル形状を反映する係数 α，β，γ を求めた．各アクチンサブユニット間のポテンシャルを表 2.1 に示す．ポテンシャル形状を決定する指標である 2 次，3 次，および 4 次項の係数 α，β，γ に着目する．2 次，4 次の係数 α，γ は，ポテンシャル形状の全体の広がりおよび底の広さを決定する．2 次項の係数 α が大きいほど，ポテンシャル形状は放物線型に近づき，4 次項の係数 γ が大きいほど，同形状は井戸型に近づく．表に示すように，

マイナス端側 $U_{1\text{-}2}(b_{1\text{-}2})$ からプラス端側 $U_{6\text{-}7}(b_{6\text{-}7})$ に推移するに従い，2次項の係数 α には目立った違いはみられないものの，4次項の係数 γ に関して，プラス端側ではマイナス端側と比較して，ポテンシャル形状の底が広い傾向にあることがわかる．

表 2.1　ポテンシャル関数 $U_{i\text{-}j}$ の係数 α，β，γ の値

	α [J/Å^2]	β [J/Å^3]	γ [J/Å^4]	h [Å]
$U_{1\text{-}2}^{\text{4th-order}}$	7.4×10^2	-1.9×10^2	0.0	56
$U_{2\text{-}3}^{\text{4th-order}}$	5.2×10^2	5.0×10	9.8×10^2	56
$U_{3\text{-}4}^{\text{4th-order}}$	9.7×10^2	3.2×10	1.2×10^2	52
$U_{4\text{-}5}^{\text{4th-order}}$	3.4×10^2	-7.4×10^2	5.3×10^2	55
$U_{5\text{-}6}^{\text{4th-order}}$	8.2×10^2	1.1×10^3	8.6×10^2	55
$U_{6\text{-}7}^{\text{4th-order}}$	0.0	8.4×10^2	1.1×10^3	53

マイナス端およびプラス端のアクチンサブユニット間ポテンシャルに着目し，最高次が4次の関数で近似したポテンシャル関数 $U^{\text{4th-order}}(b_{i\text{-}j})$ を図 2.11 中の灰色線で示す．また，図中には，最高次が4次の関数の特徴を明示するため，最高次が2次の関数により近似したポテンシャル関数 $U^{\text{2nd-order}}(b_{i\text{-}j})$ を黒線で示した．得られたポテンシャルに対して，マイナス端のポテンシャルは放物線型に近い形状であり，狭い底を有している．一方，プラス端は井戸型に近い形状であり，広い底を有している．また，両方のポテンシャルにおいて，非対称性が確認された．3次項の係数である β は，ポテンシャル形状の非対称性を決定する．β の絶対値に関して，プラス端ではマイナス端より大きな値を示した．すなわち，プラス端におけるアクチンサブユニット

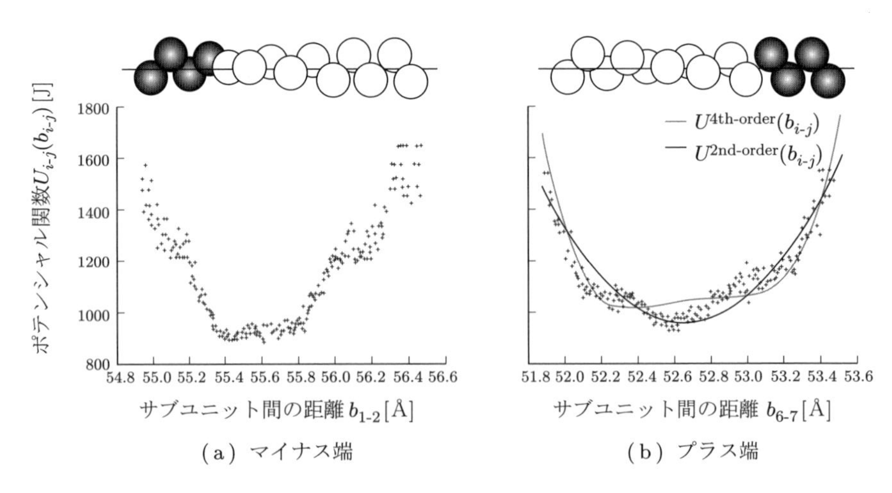

(a) マイナス端　　(b) プラス端

図 2.11　分子動力解析により得られたサブユニット間のポテンシャル関数 $U_{i\text{-}j}$

は，伸縮に対して，非対称度が高い構造ゆらぎをすることが明らかになった．

以上のように，プラス端におけるアクチンサブユニット間の軸方向の力学特性は，マイナス端のそれと比較して，ポテンシャル形状の底の広がりが大きく，また非対称度が高いことが明らかになった．このことは，プラス端におけるアクチンサブユニット間長さは，平均値付近で大きく変動する傾向にあり，マイナス端におけるアクチンサブユニット間長さは平均値付近に局在することを意味する．

2.4　張力作用下にともなうアクチンフィラメントの分子構造と力学特性の変化

アクチン細胞骨格の再構築の調整には，生化学的因子と力学的因子，およびそれらの相互作用が重要な役割を果たしている[18, 40–42]．とくに，細胞内の細胞骨格構造の変化や，細胞をとりまく周囲の力学環境の変化が，アクチン細胞骨格全体の再構築に影響を及ぼす重要な因子となる[4, 15, 16, 43–47]．

たとえば，2.2.2 項でも述べたように，細胞内のアクチン細胞骨格に存在する張力を選択的に解放した結果，アクチン細胞骨格の再構築が開始され，同構造が消失することが示された[16]．この実験結果より，張力の作用が，アクチン細胞骨格構造の動的安定性に影響を与えていることが推察される．このような現象から，「張力の作用が，アクチンフィラメントの分子構造の安定化に寄与している」との仮説が提出された[5, 48]．しかしながら，アクチン細胞骨格に作用する張力を in situ で測定すること，あるいはアクチンフィラメントの分子レベルでの構造変化を直接観察することは容易ではないため，その詳細なメカニズムはいまだ明らかではない．

力学的因子がアクチン細胞骨格の再構築を引き起こす過程において，微視的には，引張り，曲げ，ねじりなどが 1 本のアクチンフィラメントに作用し，その二重らせん構造を変形させている[49, 50]．この構造変化は，アクチンフィラメントに結合するアクチン調整タンパク質との相互作用に影響を及ぼし，細胞骨格の局所的な再構築を誘発する．したがって，力学的因子としての張力が，アクチンフィラメントの構造や力学挙動にどのような変化を引き起こすのかを理解することが重要となる．

2.4.1 ◆ 張力作用下における分子構造ダイナミクス解析

2.3 節で構築した平衡状態にあるアクチンフィラメントモデル（図 2.4）を用い，マイナス端のアクチン 2 分子（G_1，G_2）およびプラス端の 2 分子（G_{13}，G_{14}）の全炭素 Cα 原子に対して，z 軸に引張力 f_{carbon} を負荷することにより，フィラメント全体に一定の張力 $F = \sum f_{\mathrm{carbon}} = 200$ pN を負荷した．なお，マイクロニードルを用いた実験により，アクチン分子間の結合を解離する力は 320～600 pN と測定されており[51]，本シミュレーションで用いる張力は，フィラメントの破断が生じないよう設定した．

平衡化されたアクチンフィラメント構造を初期構造として，張力作用下シミュレーションを実行した．環境設定は，図2.5に示した平衡状態シミュレーションと同様である．まず，張力とつりあい状態にあるアクチンフィラメント分子構造を得るため，12.0 ns間の張力作用下シミュレーションを実行した．ここで得られたアクチンフィラメント構造を時刻 $t = 0$ における構造と定め，さらに，12.0 ns間の張力作用下シミュレーションを実行した．

2.4.2 ◆ 張力作用下シミュレーションの結果

一定の張力 $F = 200$ pNを負荷したアクチンフィラメントと，2.3節で示した無負荷状態にあるフィラメントの分子構造・力学特性を比較する．まず，張力が分子挙動に及ぼす影響について，とくに，引張ひずみ，ねじれ構造の変化，フィラメント構造の熱ゆらぎの変化について解析結果を示す．つぎに，張力がアクチンフィラメントの力学特性に及ぼす影響について検討し，最後に，分子構造が変化することにより生じる結合エネルギー状態の変化について考察する．

(A) 分子挙動の変化

無負荷状態，および張力作用下シミュレーションにおけるフィラメント長さ $L(t)$ の時間変化を，図2.12(a)に示す．ここで，黒線は無負荷状態シミュレーションにおける長さの時間変化を，灰色線は張力作用下シミュレーションにおける時間変化をそれぞれ表す．図(b)は，フィラメント長さに対してヒストグラムを作成し，最小二乗法を用いて正規分布関数に近似したものである．無負荷状態において，フィラメント長さの平均値±標準偏差は 326.7 ± 0.6 Åであった．一方，張力作用下シミュレーションにおいて，フィラメント長さは 327.3 ± 0.5 Åであり，張力作用により，平均値で0.6 Åの伸びが生じた．これは，フィラメントのおよそ0.2%のひずみに相当する．

無負荷状態，および張力作用下シミュレーションにおけるフィラメントのねじれ角 $\Theta(t)$ の時間変化を図(c)に示す．張力の作用により，ねじれ角が減少する様子が観察された．これは，アクチンフィラメントの二重らせん構造に起因する引張－ねじり連成挙動，すなわち，伸長変形とねじり変形の連成によるものと考えられる．図(d)は，ねじれ角に対するヒストグラム，および最小二乗法を用いて近似した正規分布関数を示している．ねじれ角の平均値±標準偏差は，無負荷状態シミュレーションにおいて 179.2 ± 6.9 deg，張力作用下シミュレーションにおいて 159.0 ± 3.3 degとなった．すなわち，張力200 pN作用下において，フィラメント半周期構造の0.6 Åの伸びに

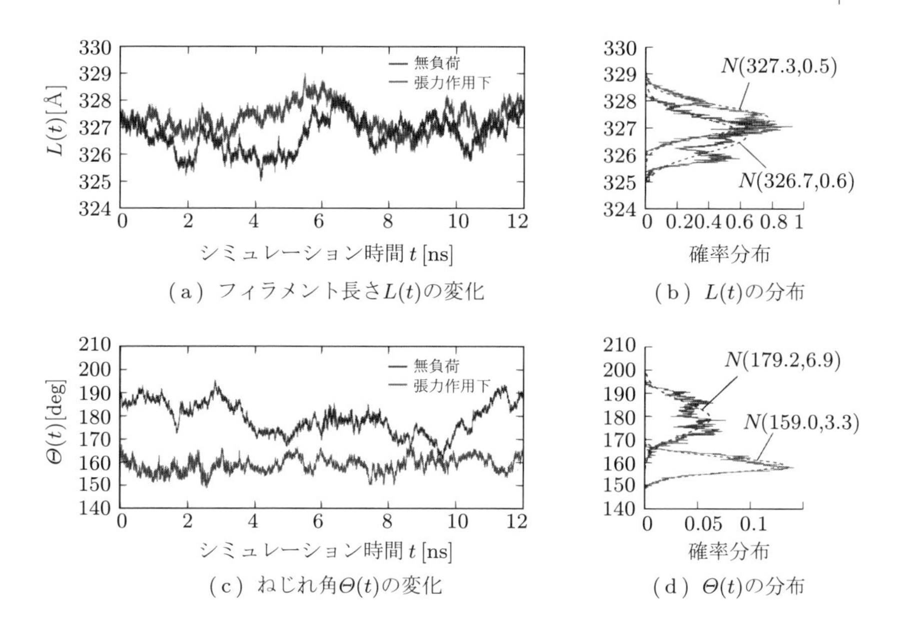

図 2.12 張力作用によるアクチンフィラメントの構造変化
(文献[54]より，Elsevier 社の許諾を得て転載．Fig. 2 を改変)

対して -20.2 deg のねじれ角の変化が生じた．このことは，フィラメントの伸長に対して，二重らせん構造が解ける方向に変化したことを意味する．

これまで，アクチン調整タンパク質コフィリンの結合により，アクチンフィラメントのねじれ構造が大きく変化することが報告されている[6]．さらに，本シミュレーションでは，張力によりねじれ構造のみが大変形することが明らかとなった．したがって，アクチンフィラメントとアクチン調整タンパク質との結合を検討する際，アクチンフィラメントのねじれ構造変化が重要となることがわかる．

(B) 力学特性の変化

フィラメントの変形と外力がつりあい状態にあると仮定し，フィラメント長さ，およびねじれ角に対して，式(2.11), (2.12)を用いて，時刻 t におけるフィラメントの引張剛性およびねじり剛性を評価した．無負荷状態，および張力作用下シミュレーション中における引張剛性およびねじり剛性を図 2.13(a), (c)にそれぞれ示す．ここで，各線はそれぞれ式 (2.11), (2.12)中のサンプリング時間幅 $\Delta t = 0.5$, 1.0, 2.0, 4.0, 8.0 ns に対する無負荷状態，あるいは張力作用下シミュレーション中における時間変化を表す．各時間幅に対して，引張剛性，およびねじり剛性平均値と標準偏差を図 2.13(b), (d)に示す．図に示すように，アクチンフィラメントに張力が作用すると，

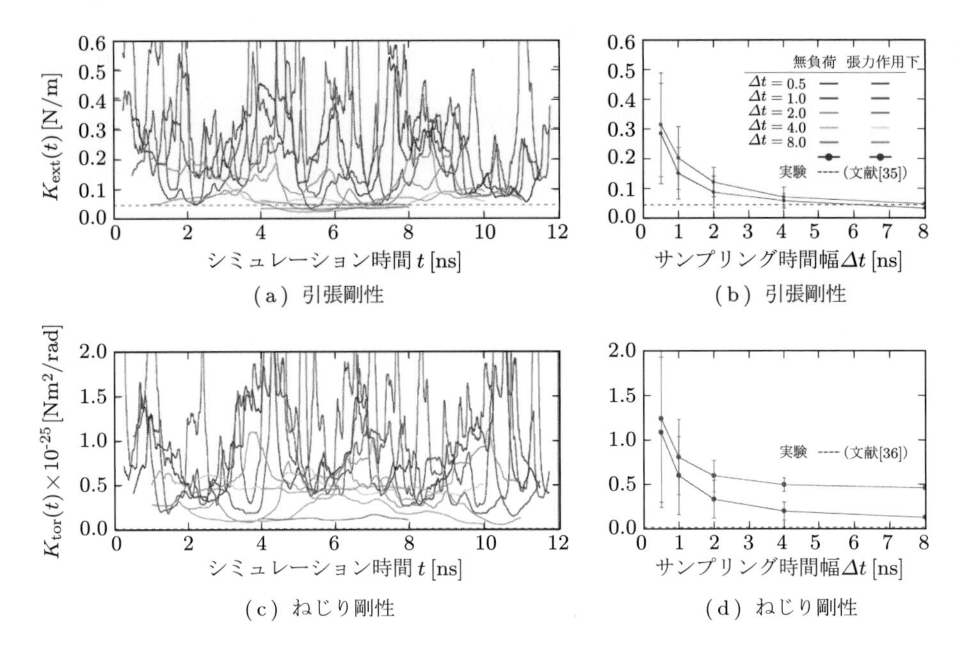

図 2.13　張力作用によるアクチンフィラメントの力学特性変化（カラー口絵 p. III）
（文献[54]より，Elsevier 社の許諾を得て転載．Fig. 3 を改変）

引張剛性およびねじり剛性は増大することが明らかになった．

さらに，張力による引張剛性およびねじり剛性の増大を定量的に評価するために，無負荷状態シミュレーションから得られた剛性に対する，張力作用下シミュレーションから得られた剛性の比 $K_\alpha^{\text{tensile force}}/K_\alpha^{\text{no external force}}$（$\alpha = \text{ext, tor}$）を図 2.14 に示す．ねじり剛性の比は，サンプリング時間幅の増大にともない増大し，ある値に収束することが示唆された．もっとも長いサンプリング時間幅 8.0 ns において，ねじり剛性の比は 3.5 であった．一方，引張剛性の比は，わずかに増大したものの，顕著な変化はみられなかった．

張力作用下においてねじり剛性が増大したことは，フィラメントのねじり構造の変化に起因すると考えられる．図 2.12(d)に示したように，フィラメントのねじれ構造は大きく変化し，ねじれ角の分散が小さくなった．このことから，フィラメントのねじれ方向の熱ゆらぎが小さく調整されたことが示唆される．一方，引張剛性は顕著に増大しなかった．張力によるフィラメントの伸びは 0.2% と微小であったため，引張方向の熱ゆらぎに大きな変化がもたらされず，結果，引張剛性は大きく変化しなかったものと考えられる．

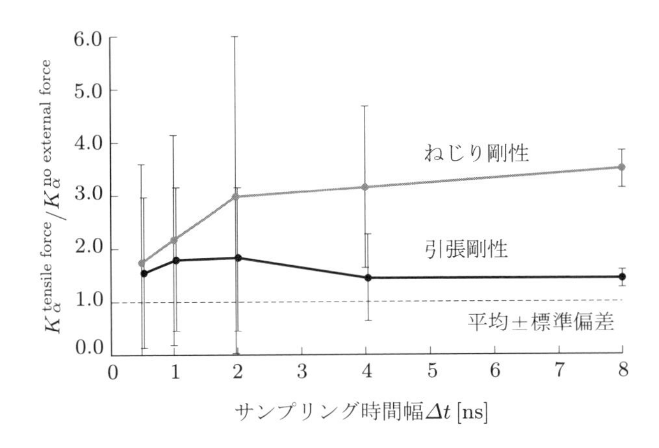

図 2.14　張力作用によるアクチンフィラメントの引張剛性/ねじり剛性比の変化と時間幅 Δt に対する依存性
（文献[54]より，Elsevier 社の許諾を得て転載．Fig. 4 を改変）

2.4.3◆結合エネルギー状態の変化

アクチンサブユニット表面には，アルギニンやリジンなどのプラス電荷をもつアミノ酸残基，アスパラギン酸やグルタミン酸などのマイナス電荷をもつアミノ酸残基が分布している．クーロンエネルギーは長距離に及ぶため[34]，アクチンフィラメント内のサブユニットは，その表面の電荷によって生じるクーロン力により強い相互作用を及ぼし合う．そこで，張力がアクチンサブユニット間の結合状態に及ぼす影響を検討するため，アクチンフィラメント内のアクチンサブユニット間にはたらくクーロン相互作用エネルギーに着目した．また，サブユニット間の相互作用を詳細に検討するため，アクチン単量体内のサブドメイン間にはたらくクーロン相互作用を解析した．

(A) サブユニット間における相互作用エネルギーの変化

図 2.15(a)に示すように，アクチンサブユニット間の相互作用を，二重らせん構造の縦方向（長手軸方向）にはたらく相互作用，および横方向（側方）にはたらく相互作用に大きく分類した．ここで，無負荷状態における相互作用は青線①と緑線②で，張力作用下における相互作用は赤線③とオレンジ線④で示した．図(b)に，無負荷状態，および張力作用下のシミュレーション中におけるアクチンサブユニット間のクーロン相互作用エネルギーの時間変化に対して，ヒストグラムを作成し，最小二乗法を用いて近似した正規分布関数を示す．これらより，無負荷状態および張力作用下において，二重らせん構造の縦方向（図 2.15(a)中の青線①と赤線③）に強いクーロン相互作用がはたらいていることが示された．さらに，縦方向のクーロン相互作用エネル

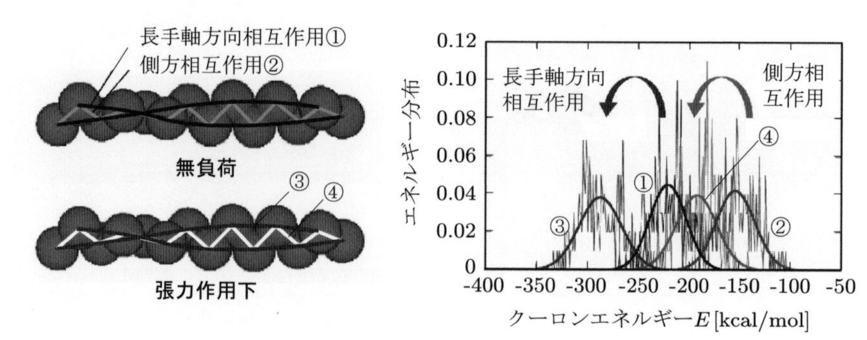

（a）フィラメント軸に対する縦方向（青線①と赤線③）と横方向（緑線②とオレンジ線④）の相互作用

（b）相互作用エネルギーの変化

図 2.15　張力作用にともなうアクチンサブユニット間の相互作用エネルギーの変化（カラー口絵 p. III）

ギーの平均値は，無負荷状態において −220 kcal/mol，張力作用下において −287 kcal/mol であり，張力作用下において，単位アクチンサブユニット間あたりの相互作用エネルギーは 62 kcal/mol 減少することが示された．同様に，横方向についても，29 kcal/mol のクーロン相互作用エネルギーの減少が確認された．これらのことから，張力はフィラメント構造内のアクチンサブユニット間クーロン相互作用を強めることが明らかになった．

（B）サブドメイン間における相互作用エネルギーの変化

さらに詳細な解析を進めるため，アクチンサブユニットを図 2.16(a)，(c)に示す四つのサブドメインに分類し，各サブドメイン間のクーロン相互作用エネルギー変化を解析した．図(b)には，二重らせん構造の縦方向にはたらく相互作用変化を，また図(d)には，横方向にはたらく相互作用変化を示す．各サブドメイン間相互作用の総和は，本項（A）に示したサブユニット間の相互作用に等しい．図(b)に示すように，二重らせん構造の縦方向にはたらくサブドメイン間相互作用エネルギーは，サブドメイン 2–3（図中の緑線），および，サブドメイン 4–3（赤線）間において減少し，同様に図(d)より，横方向にはたらく相互作用エネルギーは，サブドメイン 2–3（緑線）間において減少を示した．このように，アクチンサブユニット間相互作用エネルギーの減少は，特定のサブドメイン間が大きく寄与することがわかる．

2.4.2 項において，張力は各アクチンサブユニットを二重らせん構造のねじりを解く方向へ回転させることを示した．特定のサブドメインにおける相互作用エネルギーの変化は，これらアクチンサブユニットの回転による変化に加え，アクチンサブユニット内部における分子構造変化の結果として生じたものであることが推測される．この

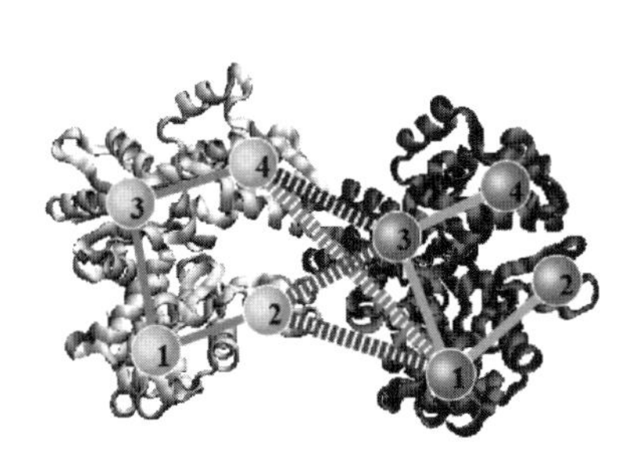

(a) 縦方向相互作用

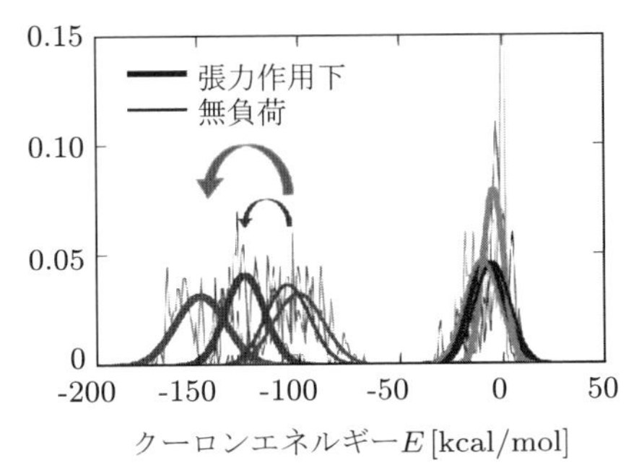

(b) 縦方向相互作用エネルギーの変化

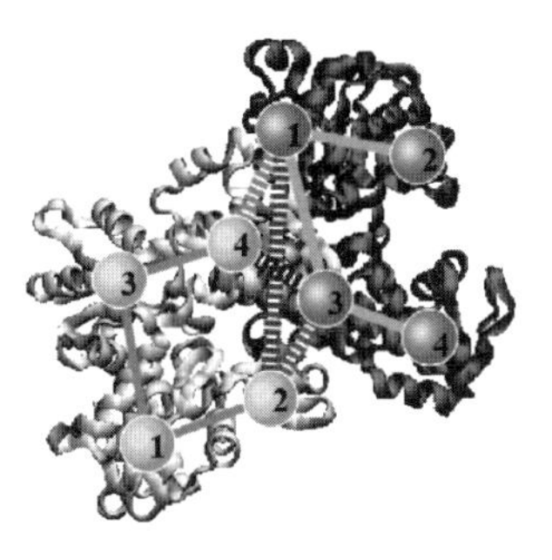

(c) 側方(横方)向相互作用

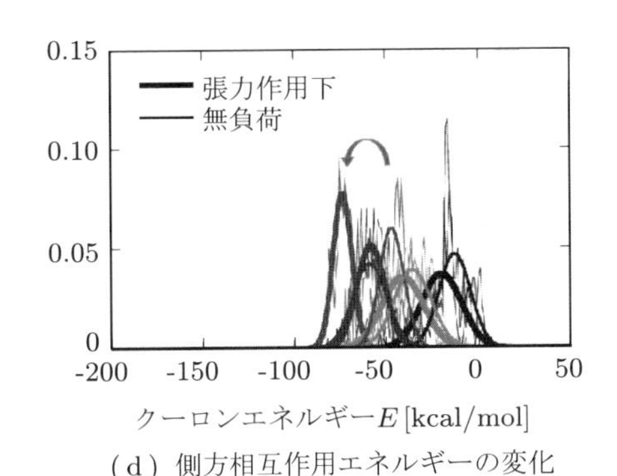

(d) 側方相互作用エネルギーの変化

図 2.16　張力作用にともなうアクチンサブドメイン間の相互作用エネルギーの変化(カラー口絵 p. IV)

ように，クーロン相互作用エネルギーは張力作用下において減少することが示された．

一方，アクチンフィラメント内のサブユニット間は，クーロン相互作用のような親水的な相互作用に加えて，疎水的な相互作用によっても結合しているため，張力が及ぼすアクチンフィラメントの自由エネルギー変化を見積もることは，クーロン相互作用エネルギーのみからでは不可能である．疎水性相互作用は，系のエントロピーによって測定されることが指摘されているが，巨大なタンパク質に対して，その疎水性相互作用を正確に定量する手法はいまだ確立されていない．クーロン相互作用エネルギーの減少は，親水的にフィラメント構造を安定化させることを示すものであり，今後，張力によってもたらされる協同的にはたらくさまざまな相互作用変化を，定量的に評価することが望まれる．

2.4.4 ◆ 張力に対するフィラメント構造・力学特性変化の意味

2.2.3 項で述べたように，アクチン細胞骨格の再構築を調整する生物学的因子として，アクチンフィラメントの重合核を形成するタンパク質である Arp2/3 複合体や，脱重合因子として機能するコフィリンやゲルゾリンなどの関与が知られている[18,20].とくに，コフィリンは，アクチンフィラメントと遊離サブユニットの両方に結合する特徴をもち，アクチンフィラメントの側面に結合し，アクチンサブユニットどうしの結合を不安定化させ，フィラメントの切断，および脱重合を促進させる.

アクチンフィラメントとコフィリンの相互作用の微視的な機構を解明するため，これまでさまざまな研究が行われてきた．たとえば，コフィリンが二重らせん構造のアクチンフィラメントに結合することにより，隣接アクチンサブユニット間のねじれ角が -167 deg から -162 deg に増大し，二重らせん半周期に含まれるアクチン分子が，13個から10個に変化することが報告されている[6,9,19]．さらに，アクチンフィラメントにコフィリンが結合すると，アクチン分子間のねじり剛性と曲げ剛性が減少し，熱エネルギーによるねじれ方向，および曲げ方向のゆらぎが大きくなると報告されている[36,52].

張力作用下におけるアクチンフィラメントへのコフィリンの結合頻度は，無負荷状態におけるそれより小さくなることが知られており，張力がコフィリンの結合を阻害することが指摘されている[5]．ここでは，本節で示した張力作用下におけるアクチンフィラメントの力学挙動から，この張力によるコフィリンの結合阻害機構について考察する.

本節では，半周期構造を有するアクチンフィラメントに200 pNの張力を負荷すると，フィラメントのねじれ角は，二重らせん構造が解ける方向におよそ20 deg変化することが明らかとなった．このことは，図2.17に示すように，隣接アクチンサブユニット間のねじれ角が，-165 deg（黒実線）から -167 deg（黒破線）に約2 deg減少することに相当する．一方，コフィリンの結合は，隣接するアクチンサブユニット

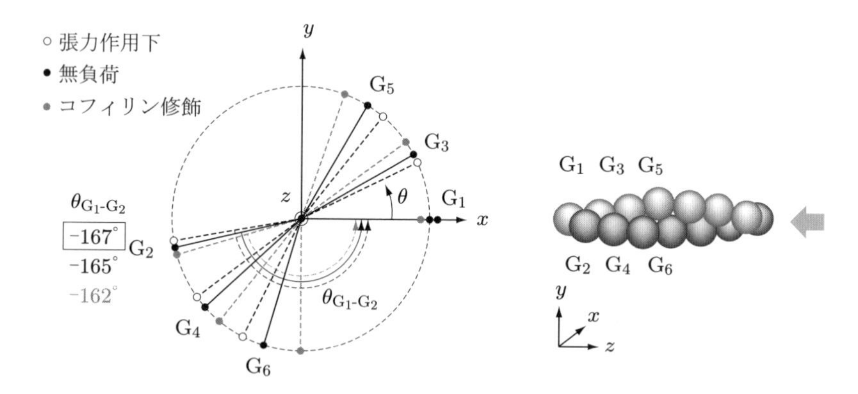

図2.17　張力作用およびコフィリン結合により生じるアクチンサブユニット間のねじれ角の変化

間のねじれ角を，−167 deg（黒破線）から −162 deg（灰色破線）に増大させるため，張力とコフィリンの結合がアクチンフィラメントに及ぼす隣接アクチンサブユニット間のねじれ角変化は，相反する方向を示す．

また，200 pN の張力作用下におけるアクチンフィラメントのねじり剛性は，無負荷状態におけるねじり剛性に比べて 3.5 倍増大した．このことは，張力作用下において，ねじれ角の熱ゆらぎが小さいことを意味する．すなわち，無負荷状態において，隣接アクチンサブユニット間のねじれ角は −165 deg 付近にて大きな熱ゆらぎを示すのに対し，張力作用下においては，サブユニット間のねじれ角は −167 deg 近傍にて局所的な熱ゆらぎを示すと理解できる．

コフィリンのアクチンフィラメントへの結合親和性が，アクチンサブユニット間のねじれ角に依存すると仮定すれば，コフィリンは，張力作用下におけるフィラメントに比べて，無負荷状態におけるフィラメントのほうに確率的に結合しやすいことが示唆される．なぜならば，コフィリンのアクチンフィラメントへの結合は，コフィリン，およびアクチンフィラメントの構造ゆらぎの過程において，確率的に発現するためである．図 2.18 に示すように，コフィリンが結合したフィラメントのねじれ角は，張力作用下にあるフィラメントに比べて，無負荷状態にあるフィラメントのねじれ角に近い値を示す．したがって，張力作用下にあるフィラメントに比べて，無負荷状態にあるフィラメントに対するコフィリンの結合の確率は増大する．すなわち，フィラメントに作用する張力は，コフィリンの結合を阻害することが推察される．このように，力学的因子としての張力がアクチンフィラメントの力学挙動を変化させることにより，

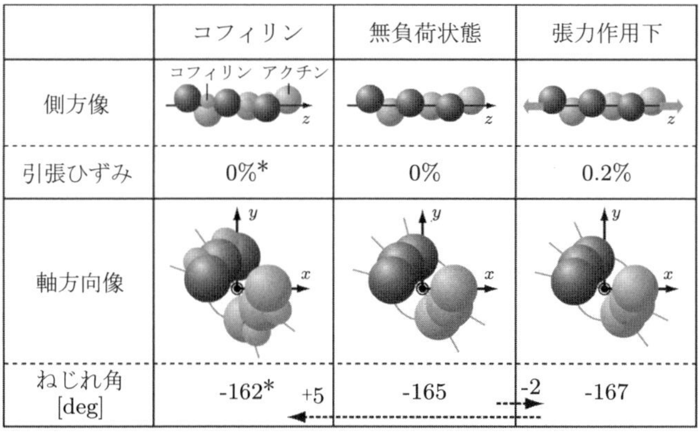

	コフィリン	無負荷状態	張力作用下
側方像	コフィリン　アクチン　z	z	z
引張ひずみ	0%*	0%	0.2%
軸方向像	y　x	y　x	y　x
ねじれ角 [deg]	-162*　+5	-165	-2　-167

＊文献[6]

図 2.18　張力作用およびコフィリン結合によるアクチンフィラメントの軸方向とねじれ方向の構造変化
（文献[54]より，Elsevier 社の許諾を得て転載．Fig. 5 を改変）

生化学的因子であるコフィリンの結合活性を低下させることが示唆され，分子スケールにおける力学－生化学連成機構の作用機序について，基礎的な一つの知見となりうる．より定量的にコフィリンの結合親和性を評価するには，アクチンフィラメントとコフィリンの結合部位の自由エネルギー変化に基づいた解析が必要である．これらの解析により，力学的因子と生化学的因子の連成機構を定量的に評価することが期待される．

2.5 おわりに

本章では，分子動力学法を用いて，アクチンフィラメントの引張剛性およびねじり剛性を定量的に評価した．また，張力がアクチンフィラメントの分子構造・力学特性に及ぼす影響を，分子スケールにおいて検討した．分子動力学シミュレーションの結果，数ナノ秒の短時間スケールにおいては，アクチンフィラメント構造全体としての熱ゆらぎを十分には観測できないため，引張剛性，およびねじり剛性は，実験値と比べて過大に評価されることが示された．しかしながら，長時間スケールにおいてはフィラメント構造スケールにおける構造ゆらぎが観測されるようになり，これにともない，剛性の評価値はある値に収束した．もっとも長いサンプリング時間幅 16 ns において，引張剛性およびねじり剛性は，実験により評価された巨視的な力学特性に十分に近い値を示した．

本章において評価されたアクチンフィラメントの引張剛性およびねじり剛性は，引張り，ねじりなどの力学的因子に対するフィラメントの基礎的な力学挙動を理解するうえで不可欠である．一方，アクチンフィラメントは二重らせん構造を有しているため，引張挙動とねじり挙動は連成する．この連成挙動は，張力作用下におけるフィラメントの力学挙動をより詳細に理解するうえで重要であり，分子動力学シミュレーションによる連成挙動の定量的な評価が期待される．

参考文献

[1] Pollard, T. D. Borisy, G. G. Cellular motility driven by assembly and disassembly of actin filaments. Cell 112 (4): 453–465, 2003.
[2] Paavilainen, V. O. Bertling, E. Falck, S. Lappalainen, P. Regulation of cytoskeletal dynamics by actin-monomer-binding proteins. Trends Cell Biol 14 (7): 386–394, 2004.
[3] Buckley, M. J. Banes, A. J. Levin, L. G. Sumpio, B. E. Sato, M. Jordan, R. Gilbert, J. Link, G. W. Tay, R.. T. S. Osteoblasts Increase Their Rate of Division and Align in Response to Cyclic, Mechanical Tension Invitro. Bone Miner 4 (3): 225–236, 1988.
[4] Neidlinger-Wilke, C. Grood, E. S. Wang, J. H. C. Brand, R. A. Claes, L. Cell alignment is induced by cyclic

changes in cell length: studies of cells grown in cyclically stretched substrates. J Orthopaed Res 19 (2): 286-293, 2001.

[5] Hayakawa, K. Tatsumi, H. Sokabe, M. Actin filaments function as a tension sensor by tension-dependent binding of cofilin to the filament. J Cell Biol 195 (5): 721-727, 2011.

[6] Bamburg, J. R. McGough, A. Ono, S. Putting a new twist on actin: ADF/cofilins modulate actin dynamics. Trends in Cell Biology 9 (9): 364-370, 1999.

[7] Blondin, L. Sapountzi, V. Maciver, S. K. Renoult, C. Benyamin, Y. Roustan, C. The second ADF/cofilin actin-binding site exists in F-actin, the cofilin-G-actin complex, but not in G-actin. European Journal of Biochemistry 268 (24): 6426-6434, 2001.

[8] Galkin, V. E. Orlova, A. Lukoyanova, N. Wriggers, W. Egelman, E. H. Actin depolymerizing factor stabilizes an existing state of F-actin and can change the tilt of F-actin subunits. J Cell Biol 153 (1): 75-86, 2001.

[9] McGough, A. Pope, B. Chiu, W. Weeds, A. Cofilin changes the twist of F-actin: Implications for actin filament dynamics and cellular function. J Cell Biol 138 (4): 771-781, 1997.

[10] Pope, B. J. Gonsior, S. M. Yeoh, S. McGough, A. Weeds, A. G. Uncoupling actin filament fragmentation by cofilin from increased subunit turnover. J Mol Biol 298 (4): 649-661, 2000.

[11] Gunst, S. J. Tang, D. D. Saez, A. O. Cytoskeletal remodeling of the airway smooth muscle cell: a mechanism for adaptation to mechanical forces in the lung. Respiratory Physiology & Neurobiology 137 (2-3): 151-168, 2003.

[12] Wojciak-Stothard, B. Ridley, A. J. Shear stress-induced endothelial cell polarization is mediated by Rho and Rac but not Cdc42 or PI 3-kinases. J Cell Biol 161 (2): 429-439, 2003.

[13] Yamaoka, H. Matsushita, S. Shimada, Y. Adachi, T. Multiscale modeling and mechanics of filamentous actin cytoskeleton. Biomechanics and Modeling in Mechanobiology 11 (3-4): 291-302, 2012.

[14] Costa, K. D. Hucker, W. J. Yin, F. C. P. Buckling of actin stress fibers: A new wrinkle in the cytoskeletal tapestry. Cell Motil Cytoskel 52 (4): 266-274, 2002.

[15] Naruse, K. Sokabe, M. Involvement of stretch-activated ion channels in Ca mobilization to mechanical stretch in endothelial-cells. Am J Physiol 264 (4): C1037-C1044, 1993.

[16] Sato, K. Adachi, T. Matsuo, M. Tomita, Y. Quantitative evaluation of threshold fiber strain that induces reorganization of cytoskeletal actin fiber structure in osteoblastic cells. J Biomech 38 (9): 1895-1901, 2005.

[17] Hayakawa, K. Tatsumi, H. Sokabe, M. Actin stress fibers transmit and focus force to activate mechanosensitive channels. Journal of Cell Science 121 (4): 496-503, 2008.

[18] Pollard, T. D. Cooper, J. A. Actin and actin-binding proteins - a critical-evaluation of mechanism and functions. Annu Rev Biochem 55: 987-1035, 1986.

[19] Meberg, P. J. Ono, S. Minamide, L. S. Takahashi, M. Bamburg, J. R.Actin depolymerizing factor and cofilin phosphorylation dynamics: Response to signals that regulate neurite extension. Cell Motil Cytoskeleton 39 (2): 172-190, 1998.

[20] Rodal, A. A. Tetreault, J. W. Lappalainen, P. Drubin, D. G. Amberg, D. C. Aip1p interacts with cofilin to disassemble actin filaments. J Cell Biol 145 (6): 1251-1264, 1999.

[21] Pollard, T. D. Berro, J. Mathematical Models and Simulations of Cellular Processes Based on Actin Filaments. J Biol Chem 284 (9): 5433-5437, 2009.

[22] Ming, D. M. Kong, Y. F. Wu, Y. H. Ma, J. P. Simulation of F-actin filaments of several microns. Biophysical Journal 85 (1): 27-35, 2003.

[23] Chu, J. W. Voth, G. A. Allostery of actin filaments: Molecular dynamics simulations and coarse-grained analysis. Proceedings of the National Academy of Sciences of the United States of America 102 (37): 13111-13116, 2005; Coarse-grained modeling of the actin filament derived from atomistic-scale simulations. Biophysical Journal 90 (5): 1572-1582, 2006.

[24] Wriggers, W. Schulten, K. Investigating a back door mechanism of actin phosphate release by steered molecular dynamics. Proteins-Structure Function and Genetics 35 (2): 262-273, 1999.

[25] Pfaendtner, J. Lyman, E. Pollard, T. D. Voth, G. A. Structure and Dynamics of the Actin Filament. J Mol Biol 396 (2): 252-263, 2010.

[26] Israelewitz, B. Gao, M. Schulten, K. Steered molecular dynamics and mechanical functions of proteins. Current Opinion in Structural Biology 11 (2): 224-230, 2001.
[27] Lorenzo, A. C. Caffarena, E. R. Elastic properties, Young's modulus determination and structural stability of the tropocollagen molecule: a computational study by steered molecular dynamics. J Biomech 38 (7): 1527-1533, 2005.
[28] Lu, H. Isralewitz, B. Krammer, A. Vogel, V. Schulten, K. Unfolding of titin immunoglobulin domains by steered molecular dynamics simulation. Biophys J 75 (2): 662-671, 1998.
[29] Vogel, V. Sheetz, M. Local force and geometry sensing regulate cell functions. Nat Rev Mol Cell Biol 7 (4): 265-275, 2006.
[30] Dalhaimer, P. Pollard, T. D. Nolen, B. J.Nucleotide-mediated conformational changes of monomeric actin and Arp3 studied by molecular dynamics simulations. J Mol Biol 376 (1): 166-183, 2008.
[31] Chen, L. F. Winkler, H. Reedy, M. K. Reedy, M. C. Taylor, K. A. Molecular modeling of averaged rigor crossbridges from tomograms of insect flight muscle. J Struct Biol 138 (1-2): 92-104, 2002.
[32] Holmes, K. C. Popp, D. Gebhard, W. Kabsch, W. Atomic model of the actin filament. Nature 347 (6288): 44-49, 1990.
[33] Jorgensen, W. L. Chandrasekhar, J. Madura, J. D. Impey, R. W. Klein, M. L. Comparison of simple potemtial functions for simulating liquid water. Journal of Chemical Physics 79 (2): 926-935, 1983.
[34] Darden, T. York, D. Pedersen, L. Paticle mesh ewald - an N.log(N) method for ewald sums in large systems. J Chem Phys 98 (12): 10089-10092, 1993.
[35] Kojima, H. Ishijima, A. Yanagida, T. Direct measurement of stiffness of single actin-filaments with and without tropomyosin by in-vitro nanomanipulation. Proceedings of the National Academy of Sciences of the United States of America 91 (26): 12962-12966, 1994.
[36] Prochniewicz, E. Janson, N. Thomas, D. D. De La Cruz, E. M. Cofilin increases the torsional flexibility and dynamics of actin filaments. J Mol Biol 353 (5): 990-1000, 2005.
[37] Qin et al., 2009.
[38] Sept and MacKintosh, 2001.
[39] Uzel and Buehler, 2009.
[40] Isenberg, G. Aebi, U. Pollard, T. D.An actin-binding protein from acanthamoeba regulates actin filament polymerization and interactions. Nature 288 (5790): 455-459, 1980.
[41] Theriot, J. A. Mitchison, T. J. Actin microfilament dynamics in locomoting cells. Nature 352 (6331): 126-131, 1991.
[42] Arber, S. Barbayannis, F. A. Hanser, H. Schneider, C. Stanyon, C. A. Bernard, O. Caroni, P. Regulation of actin dynamics through phosphorylation of cofilin by LIM-kinase. Nature 393 (6687): 805-809, 1998.
[43] Sato, M. Nagayama, K. Kataoka, N. Sasaki, M. Hane, K. Local mechanical properties measured by atomic force microscopy for cultured bovine endothelial cells exposed to shear stress. J. Biomech. 33 (1): 127-135, 2000.
[44] Watanabe, N. Mitchison, T. J. Single-molecule speckle analysis of actin filament turnover in lamellipodia. Science 295: 1083-1086, 2002.
[45] Yamamoto, K. Sokabe, T. Matsumoto, T. Yoshimura, K. Shibata, M. Ohura, N. Fukuda, T. Sato, T. Sekine, K. Kato, S. Isshiki, M. Fujita, T. Kobayashi, M. Kawamura, K. Masuda, H. Kamiya, A. Ando, J. Impaired flow-dependent control of vascular tone and remodeling in P2X4-deficient mice. Nat Med 12 (1): 133-137, 2006.
[46] Adachi, T. Okeyo, K. O. Shitagawa, Y. Hojo, M. Strain field in actin filament network in lamellipodia of migrating cells: Implication for network reorganization. J Biomech 42 (3): 297-302, 2009.
[47] Yamaoka, H. Adachi, T. Coupling between axial stretch and bending/twisting deformation of actin filaments caused by a mismatched centroid from the center axis. International Journal of Mechanical Sciences 52 (2): 329-333, 2010.
[48] Sato, K. Adachi, T. Shirai, Y. Saito, N. Tomita, Y. Local disassembly of actin stress fibers induced by selected release of intracellular tension in osteoblastic cell. Journal of Biomechanical Science and

Engineering 1: 204-214, 2006.
[49] Ishijima, A. Doi, T. Sakurada, K. Yanagida, T. Sub-piconewton Force Fluctuations of Actomyosin invitro. Nature 352 (6333): 301-306, 1991.
[50] Shimozawa, T. Ishiwata, S. Mechanical distortion of single actin filaments induced by external force: detection by fluorescence imaging. Biophys J 96 (3): 1036-1044, 2009.
[51] Tsuda, Y. Yasutake, H. Ishijima, A. Yanagida, T. Torsional rigidity of single actin filaments and actin-actin bond breaking force under torsion measured directly by in vitro micromanipulation. Proceedings of the National Academy of Sciences of the United States of America 93 (23): 12937-12942, 1996.
[52] De La Cruz, E. M. Roland, J. McCullough, B. R. Blanchoin, L. Martiel, J. L. Origin of Twist-Bend Coupling in Actin Filaments. Biophys J. 99 (6): 1852-1860, 2010.
[53] Matsushita, S. Adachi, T. Inoue, Y. Hojo, M. Sokabe, M. Evaluation of Extensional and Torsional Stiffness of Single Actin Filaments by Molecular Dynamics Analysis. Journal of Biomechanics 43: 3162-3167, 2010.
[54] Matsushita, S. Inoue, Y. Hojo, M. Sokabe, M. Adachi, T. Effect of Tensile Force on the Mechanical Behaviour of Actin Filaments, Journal of Biomechanics 44: 1776-1781, 2011.

第3章

膜とチャネルの力学応答に関する マルチスケールメカノバイオロジー

執筆担当：平田宏聡，曽我部正博

3.1 はじめに

われわれは，化学的刺激を嗅覚や味覚として感知するとともに，光，力，温度，電気などの物理的刺激も感知することができる．物理的刺激のうち，“力”を感知するための装置として，われわれの体にはさまざまな専用の機械受容器（聴覚を担う内耳，皮膚触覚を担うマイスナー小体，筋感覚を担う筋紡錘など）が存在している（図1.1，1.2参照）．また，このような特化した機械受容器だけではなく，それ以外の多様な細胞（事実上すべての細胞）も力に応答する．あらゆる組織は，重力や筋収縮，臓器変形，臓器内圧，血流・体液流などに起因する力に絶えずさらされている．これらの力は，最終的に伸展，圧縮，せん断，静水圧に代表される機械刺激として，組織中の細胞に作用する．これらの機械刺激は，細胞膜や細胞に接する微小環境と連結した細胞接着－細胞骨格系に組み込まれた分子装置によって感知され（このプロセスをメカノセンシングとよぶ），細胞内 Ca^{2+} や細胞外ATPのようなセカンドメッセンジャーへの変換を含むさまざまなシグナル伝達系を賦活する．それらは，タンパク質の活性や遺伝子の発現に影響を与えることで，細胞自身あるいはその細胞を含む組織の生理機能の発現，調節や維持に貢献している．

細胞は，外からの機械刺激に応答する（受動力覚）のみならず，細胞自身が積極的に細胞外環境にはたらきかけて，その機械的性質をモニターしていることもわかってきた．細胞の内部には，細胞骨格を中心として，力を発生するいくつかの機構が存在する．このうち，アクチンフィラメントとモータータンパク質ミオシンIIは，ストレスファイバーとよばれる束構造を形成し，細胞内における主要な収縮力の発生装置となっている．細胞は，接着構造を介して，ストレスファイバーで周囲の細胞外マトリックスや隣接細胞を引っ張り，対象の変形を感知することで，それらの硬さをモニターしているのである（能動力覚）．その結果に基づいて，細胞はみずからの形態や運動，さらには増殖，分化，細胞死などの根幹機能を調節している[1,2]．

図3.1に，血管内皮細胞を例として，細胞内外の力学的環境の概念図を示す．種々の膜タンパク質やカベオラを含んだ細胞膜を有する内皮細胞は，焦点接着斑や接着結合を介して細胞外マトリックスおよび隣接細胞と結合しており，これらの接着構造間，および核との間が，ストレスファイバーで結ばれている．このような細胞に，血管の拡張・収縮による伸展・圧縮刺激や血流による流れ刺激が加わると，細胞の各所に変形と，それにともなう応力が生じる．たとえば，血管拡張で生じる血管周方向の伸展刺激では，細胞膜の張力増大，細胞骨格および接着構造の張力増大，核の扁平化などが生じる．核の変形は，核膜タンパク質のリン酸化と核膜の硬化を引き起こす[3]．また，内皮細胞は，伸展刺激にともなう応力変化よりもはるかに小さいせん断応力しか生じない血流変化にも鋭敏に応答する．せん断応力の感知部位はカベオラのようであるが，詳細は不明である[4]．なお，細胞内の構造は均質ではないため，応力の分布も一様ではない．容易に想像されるように，焦点接着斑や接着結合などの接着部位（固定部位）には大きな応力が生じる．このような応力集中点は，機械刺激の感知に関わっている可能性が高く，事実，個々の焦点接着斑や接着結合は，機械刺激に応答して分子組成や構造的強度を変化させる[5, 6]．

本章では，第2章のアクチン細胞骨格の構造と機能解析に続き，細胞の主要構成要素である細胞膜と，そこで機能する機械受容チャネルをおもにとりあげ，メカノセンシング機構の背景にある物理的基盤，および原子レベルの構造変化について概説する．

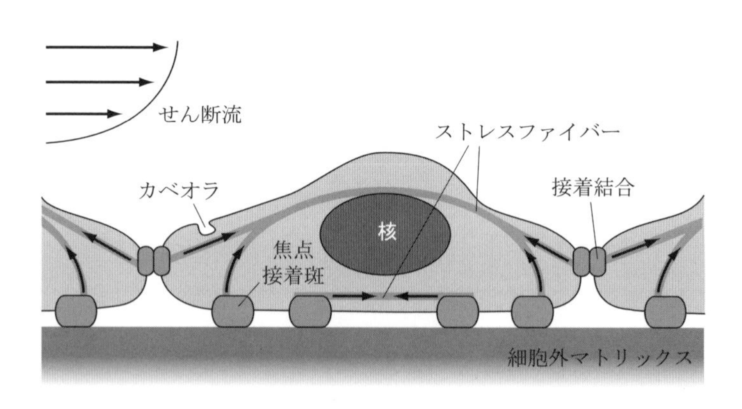

図3.1　細胞内外の力学的環境の模式図

3.2　メカノセンシングプロセスの要素分解とメカノセンサー

前節では，機械刺激により細胞構成要素に生じる変形と応力について述べたが，つぎの課題は，細胞が変形あるいは応力をどのように感知して，適切な細胞応答を導くかである．細胞には，変形あるいは応力を受容し，それを細胞内信号に変換して，適切な細胞応答を導くための信号変換素子が存在するはずである．そのような素子をメカノセンサーとよぶ．すなわち，メカノセンサーは，細胞構成要素の変形や応力を受容して構造変化するメカノセンシング部位を有し，その下流で細胞機能の調節に関わる生物学的信号を生み出す分子もしくは分子複合体である．この意味で，正確にはメカノトランスデューサーとよぶべきものであるが，慣習的にメカノセンサーとよばれている．近年の研究の進歩により，いくつかのメカノセンサー分子が明らかになってきた[7]．

(A) インテグリン

インテグリンは，焦点接着斑に局在する膜貫通の接着分子で，細胞外ドメインで細胞外マトリックスタンパク質と結合し，細胞質ドメインでは，リンカータンパク質を介してアクチンフィラメントと結合する．これらの結合部位を介して，アクチン細胞骨格あるいは細胞外マトリックスからの引張力が加わると，インテグリン分子の細胞外ドメインは構造変化し[8]，インテグリンと細胞外マトリックスとの間の結合がさらに強化される[9, 10]．通常，分子間の結合は，そこに力が加わると結合寿命が短くなり解離しやすくなるが（スリップボンド），この場合はそれとは逆であり，キャッチボンドとよばれている．インテグリンと細胞外マトリックスの結合寿命が長くなるということは，インテグリンの代謝を考慮すると，焦点接着斑におけるインテグリン分子の数が増加することを意味しており，焦点接着斑のサイズと機械的強度の増大をもたらす．このことは，応力集中による焦点接着斑の破壊を防ぐうえで重要と考えられる．

(B) タリン

タリンは，インテグリンおよびアクチンとの結合部位をもち，焦点接着斑において，インテグリンとアクチン細胞骨格との間をつないでいる．タリンのロッドドメインには，タリンとアクチンフィラメントとを連結するビンキュリンの結合サイトが 11 個存在しているが，その多くは，タリン分子の折り畳み構造の中に隠蔽されている．in vitro および in vivo の実験から，ミオシン II の活性化によるアクチンフィラメントからの引張力によって，ロッドドメインの折り畳み構造が引き伸ばされ，ビンキュリン結合サイトが露出することがわかった[11-13]．

ビンキュリンは，タリンとアクチンフィラメントの間を架橋し，結果として，タリンとアクチンフィラメントの結合を強化する．タリンとアクチンフィラメントのみの結合は約 2 pN の結合力しかないが，ビンキュリンによる補強で，20 pN 程度の力に耐えられるようになる．細胞の先導端においてアクチンフィラメントはミオシン II により細胞中心方向に引っ張られているが，タリンのみの結合ではこの引張力を支持できず，アクチンフィラメントは細胞接着部位の上を滑って，細胞中心方向に流れていく．この場合，細胞の先導端は前進しない．一方で，タリンが伸長してビンキュリンが結合すると，アクチンフィラメントとの結合が強まり，ミオシンIIによる引張力に抗してアクチンフィラメントを細胞接着部位につなぎ止めることができる．すると，つなぎ止められたフィラメントの先端でのアクチン重合が細胞膜を前方に押し出し，細胞先導端が前進するようになる[13]．また，焦点接着斑におけるタリンの伸長とビンキュリンの結合が細胞外マトリックスの弾性に依存する（基質が硬いと，タリンが伸びてビンキュリンが結合する）ことが，数理モデル計算により示唆された[14]．この結果は，アクチン重合による細胞膜の突出によって細胞が基質の上で広がるためには硬い細胞外マトリックスが必要であるという事実をうまく説明する．

(C) アクチンフィラメント

ストレスファイバーは，アクチンフィラメントとミオシンIIを含む収縮性の束構造で，その両端は通常，焦点接着斑あるいは細胞間接着結合に終端するが，焦点接着斑と核の間をつなぐものも知られている（図3.1）．いずれにせよ，そのおもな機能は収縮によって接着端間を引張することにある．引張力の発生に応じて，ストレスファイバー上で細胞生存・増殖シグナルが生成されることも最近発見された[15]．興味深いことに，ミオシンIIを阻害して収縮能を抑制すると，ストレスファイバーは消失する．すなわち，ストレスファイバーが維持されるためには，一定の張力が必要であると考えられる．そのメカニズムとして，アクチン切断因子コフィリンが弛緩したアクチンフィラメントに選択的に結合して，これを切断することがわかった[16]．すなわち，アクチンフィラメントは，弛緩したときにコフィリンに対する親和性を増大させて，みずからの崩壊をもたらす“負の張力センサー”であることが明らかとなった．

アクチンフィラメントは，アクチンの単量体がらせん状に重合して形成されるが，2.4.4項でも示したように，コフィリンが結合すると，らせんのピッチは小さくなる（よりねじれる）ことが知られている．逆にいえば，コフィリンはよりねじれたフィラメントに高い親和性をもつ可能性がある．アクチンフィラメントのねじれ度は常にゆらいでいるが，引張力のかかったフィラメントでは，このゆらぎが小さくなる．このことが，コフィリンの親和性の低下に関わっているものと考えられる[16]．

(D) 機械受容チャネル

最初に発見されたメカノセンサーは，細胞膜の伸展で活性化されるイオンチャネルで，伸展活性化チャネル（stretch-activated channel）と名づけられた[17]．現在は，より一般的な機械受容チャネル（mechanosensitive channel）という名称が定着している．これまでに，さまざまなTRP（transient receptor potential）チャネルやK^+チャネル，ピエゾチャネル，NMDA（N-メチル-Dアスパラギン酸）受容体などが，機械受容チャネルとして機能することが報告されている．機械受容チャネルには膜の張力のみで活性化されるものがあるが（2孔型K^+チャネルやTRPC1チャネル，細菌の機械受容チャネルMscLとMscS），細胞骨格（膜骨格やアクチン細胞骨格）とリンクして，細胞骨格からの引張力により活性化するものも存在する．

上で述べた接着斑・細胞骨格関連のメカノセンサーに比べ，機械受容チャネルについては，パッチクランプ法（次節参照）を用いることで，定量的な入力（膜張力）- 出力（チャネル電流）関係が，1分子レベルで詳細に解析されてきている．とくに，細菌のMscLとMscSについては結晶構造も解かれており[18, 19]，原子レベルでの活性化機構の研究が急速に進んでいる．本章では，これ以降，機械受容チャネルをおもな題材として，その力学応答のメカニズムについて生体膜，チャネル分子，原子レベルのマルチスケールな観点から議論する．

3.3　機械受容チャネルとパッチクランプ法

イオンチャネルの活動を調べるためにチャネル電流を計測する方法として，パッチクランプ法がある．パッチクランプ法にはいくつかのタイプがあるが，機械受容チャネルの研究には，おもにセルアタッチトパッチクランプ法による単一チャネル電流計測が用いられてきた（図3.2）．先端口径が約1 μmで内部に電解質を満たした微小ガラス電極を，細胞表面に押しつけて吸引する．すると，細胞膜外表面とガラス電極内表面との間に，密な接着（シール）が形成される．シールを介して漏れ出るイオンは極少量で，その電気抵抗はギガ（10^9）オームを超えるので，ギガシールとよばれている．電極内の微小膜（パッチ膜）は，ギガシールによって，機械的にも電気的にも細胞のほかの部分から隔離されているので，パッチ膜を介した電流のみを測ることができる．この際，イオンチャネルが活性化していない状態での背景雑音電流は，ピコ（10^{-12}）アンペアレベルに抑えられる．これによって，単一チャネルの開口による微小電流の測定が可能になる．

セルアタッチトパッチクランプ法では，ガラス電極内の圧力を操作することによって，パッチ膜に生じる張力を変化させ，これに対する単一チャネルの応答を調べることができる．ギガシールを形成した後に，いったん電極内の圧力をゼロに戻し，そのうえで再び吸引圧を加えると，円筒状のギガシールを固定端として，パッチ膜がドーム状に伸展される（図(c)）．この際，パッチ膜内に少数の機械受容チャネルが存在し

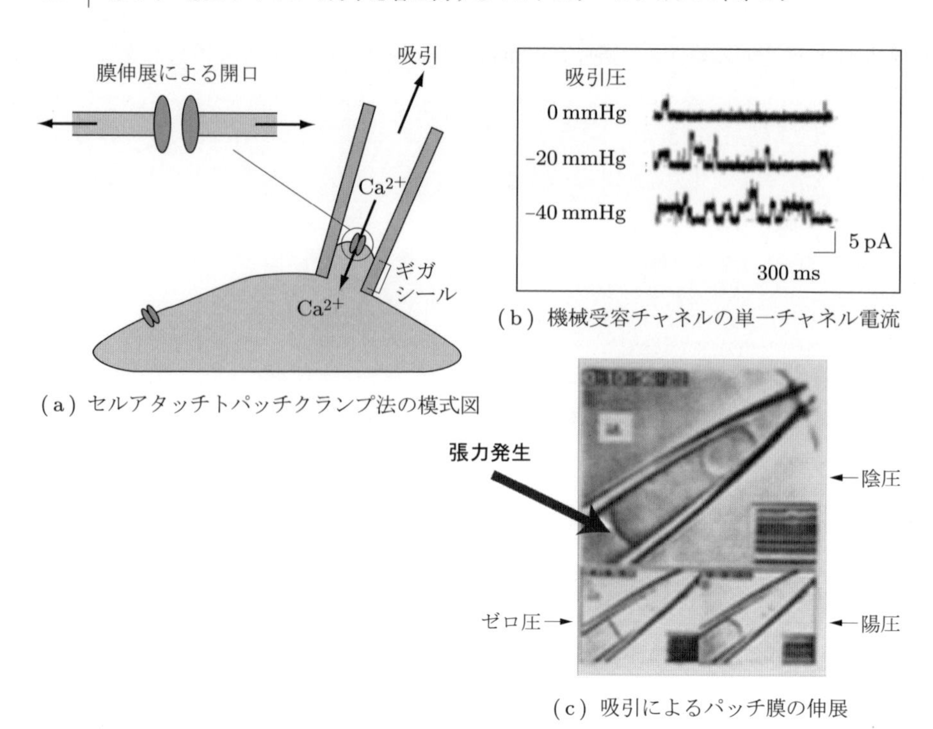

図 3.2　セルアタッチトパッチクランプ法による単一機械受容チャネル応答の計測

ていれば，個々のチャネルの開閉にともなう微小電流のゆらぎが計測される（図(b)）．イオンチャネルは，基本的には開・閉の2状態であり，個々のチャネルの開閉にともなうデジタル的な電流変化を，10マイクロ秒から1ミリ秒のオーダーで時間分解できる．この方法によって，吸引圧を定量的に制御しながら，単一機械受容チャネル応答を計測することができる．

ところで，機械受容チャネルを活性化する真の刺激は，吸引圧（経膜圧力差）ではなく膜張力であろう．したがって，機械受容チャネルの機能について，定量的な入出力関係を得るためには，膜張力を知る必要がある．もしパッチ膜が吸引圧により球面状に伸展されるなら（図(c)），膜に生じる張力（S）は，電極内圧（P）とパッチ膜の曲率半径（R）から，ラプラスの式（$S = P{\cdot}R/2$）によって推定できる．電極内圧は制御可能なので，その際のパッチ膜の曲率半径がわかればよいということになる．Sokabe ら[20]は，超高倍率ビデオ顕微鏡を開発して，ニワトリ骨格筋細胞のパッチ膜の形状をナノメートルの精度で計測することに成功した．その結果，陰圧下のパッチ膜が球面でよく近似できることがわかり，計算された膜張力が，機械受容チャネルの活性（チャネルの開確率）を制御する，真の刺激であることが証明された[21]．しかし，通常のセットアップでパッチ膜形状を精密に計測することは難しく，便宜上吸引圧を入力刺激として用いているのが実情であるため，吸引圧から膜張力を推定する簡便法も提案されている[22]．

3.4 膜のメカノバイオロジー

機械刺激は，細胞膜を介してチャネルに伝達される．その作用機構を理解するためには，膜の力学的特性について，もう少し詳しく考察する必要がある．

3.4.1 ◆ 脂質膜のメカノバイオロジー

機械受容チャネルのうち，いくつかのもの（2 孔型 K^+ チャネル，TRPC1，NMDA 受容体や，細菌の MscS，MscL など）は，精製したチャネルタンパク質を脂質膜の小胞（リポソームとよばれる）に再構成しても，機械刺激に応答して活性を示す．すなわち，これらのチャネルは，純粋に脂質膜に生じる張力によって活性化するのである．そこでまずは，脂質二重層のみからなる膜にチャネルが埋まった系の力学的性質について考えてみる．

脂質膜を構成するリン脂質分子は，親水性の頭部と疎水性の炭化水素鎖部からなっている．周知のように，リン脂質は，水中では親水性頭部を水側に向けた 2 分子膜を自発的に形成する．これは，水分子が大きな電気双極子モーメントをもっているため，水分子どうしに強い引力がはたらき（いわゆる水素結合），疎水基の混入によって水分子間の結合を切るには大きなエネルギーを要するので，エントロピー的には不利でも，脂質分子どうしが集合して炭化水素鎖を水から隔離したほうが系全体のエネルギーとしては有利なためである．生体温度において，脂質膜は流動相にあるが，この状態ではアルキル鎖の炭素間の回転自由度のため，炭化水素鎖は大きく乱れて動き回っている．この熱運動のため，脂質膜中の側方圧力分布を厚さ方向にとると，炭化水素鎖からなる疎水性コアの領域では，たがいに反発し合う陽圧が生じている．そして，この陽圧の効果を相殺して脂質膜を安定に保つ形で，親水性頭部およびそれと相互作用している水和水からなる領域には，たがいに引きつけ合う陰圧が生じている．すなわち，機械受容チャネルを含む膜タンパク質は，このような内部応力が存在する状態の脂質膜に埋め込まれた状態で機能しているのである．

少々余談になるが，炭化水素鎖や疎水性の残基が水中で集まる現象は，しばしば疎水性相互作用という言葉で説明される．しかし，上の考察からわかるように，疎水性の物質自体がたがいに引きつけ合っているのではなく，周囲の水分子どうしの結合をなるべく切らないように動いて配置した結果，自己集合したようにみえる，といったほうが正確である．実際，脂質二重層中の炭化水素鎖は，熱運動でたがいに押しあっているのである．

脂質膜中の内部応力のため，チャネルは疎水性コアの領域では脂質膜から斥力を，親水性頭部の領域では引力を常に受けている（3.6節の図3.5(a)のグラフを参照のこと）．ここで，脂質膜を伸展すると，親水性頭部どうしが引きつけ合う陰圧は増大し，それを相殺するように，疎水性コア領域の陽圧も大きくなる．したがって，チャネルが親水性頭部から受ける引力も，炭化水素鎖から受ける斥力も，ともに増加する．また，流動相の脂質膜は伸展に対して0.25程度のポアソン比で厚さ方向に変形すると推定されており[23]，伸展によって膜は薄くなる．すなわち，脂質膜の伸展は，チャネルを膜厚方向に圧縮することにもなる．機械受容チャネルは，これらの異なるタイプの力の変化を脂質膜から感受し，活性化に利用している可能性がある．

膜厚の効果を調べるために，炭化水素鎖の長さが異なる脂質膜中における機械受容チャネル活性化の比較がなされ，ある種の機械受容チャネル（MscL）は，炭化水素鎖を短くすると活性化しやすくなる（小さな膜張力でも開口確率が増大する）ことがわかった[24, 25]．すなわち，機械受容チャネルは膜厚の違いに応答しうる．脂質の炭化水素鎖長を変えることによる膜タンパク質機能の変調は，おもに脂質膜と膜タンパク質の疎水領域の不適合（hydrophobic mismatch）に起因すると考えられている．膜タンパク質の膜貫通領域のうち，脂質の炭化水素鎖に面した部分は，おもに疎水性アミノ酸からなっている．生理的な長さの炭化水素鎖をもった脂質膜中では，チャネル側面の疎水性領域は，脂質膜の疎水性コアの厚さと適合している（図3.3(a)）．しかし，炭化水素鎖が短い脂質膜では，疎水性コアの厚さが小さく，そのままでは，チャネル側面の疎水性領域が膜の親水性領域に露出してしまう（図(b)）．このことはエネルギー的に不利であるため，チャネル側面の疎水性領域をなるべく隔離すべく，チャネル近傍の脂質分子の炭化水素鎖は，熱運動に抗してまっすぐ伸ばされ，逆に，チャネル分子は，側面疎水性領域が押し縮められた構造をとろうとする（図(c)）．これらの作用が，機械受容チャネルの活性に影響を与えるものと思われる．ただし，別の機

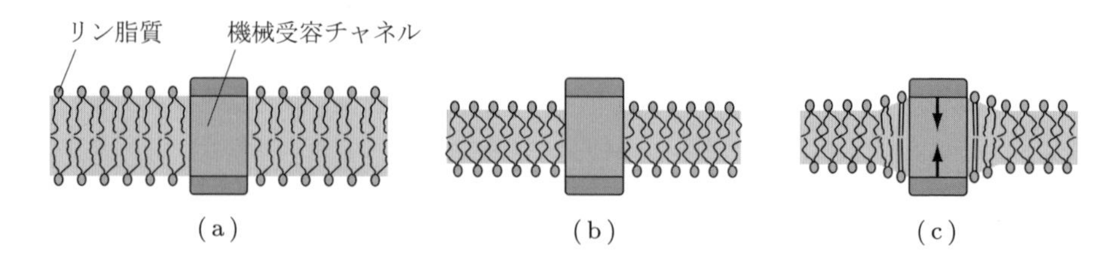

図3.3　脂質膜の疎水性コアとチャネルの疎水性側面の不適合と応答

械受容チャネル（MscS）は，膜厚を変えても活性化に違いがみられないことから[25]，膜厚への応答が，すべての機械受容チャネルに共通した作動原理というわけではない．

ところで，実際の脂質膜は引張に対しては最大5%程度しか伸展されず，これにともなう厚さの変化も限定的である．脂質膜のポアソン比からの見積もりでは，5%伸展した場合の厚さの減少は1%程度であり，脂質膜の自然な厚さ約6 nmに対して，その変化量は0.6 Åほどにすぎない．上述のように，ある種の機械受容チャネルは人為的な膜厚の操作に応答するが，脂質膜の生理的な伸展刺激においては，膜厚変化は機械受容チャネルを活性化するための主要な入力ではないであろう．著者らのグループは，MscLとMscSについて，親水性頭部近傍からの引力の増加がチャネル活性化に重要であることを示す結果を報告してきたが，これについては3.6節で詳しく述べる．

3.4.2 ◆ 脂質膜・膜骨格複合体のメカノバイオロジー

実際の動物細胞の細胞膜は，脂質二重層のほかに，膜タンパク質，膜骨格などを含む複雑なシステムである．したがって，その機械的特性は，脂質膜だけの場合とは大きく異なるはずであり，機械受容チャネルの活性化の機序にも影響を及ぼすであろう．

3.3節で述べたパッチ膜形状の可視化・計測法を用いて，ニワトリ骨格筋細胞のパッチ膜に吸引圧を与えた際の面積変化が測定されている[26]．この面積変化をラプラスの式から求めた膜張力に対してプロットすると，両者はほぼ線形関係になる．すなわちパッチ膜は，伸展についてはフックの法則に従う弾性膜であることがわかる．では，細胞膜の構成要素（脂質二重層，膜タンパク質，膜骨格など）のうち，どれが膜弾性に寄与する主要な力伝達媒体であろうか．弾性膜は伸展させると，膜厚が薄くなるはずである．脂質膜の厚さの変化は，膜の比容量（単位面積あたりの静電容量）を測定することで高感度に検出できるが，吸引圧によってパッチ膜の面積を10%以上伸展させても比容量は一定のままであり，脂質膜の厚さはとくに変化しなかった[21]．そもそも，パッチ膜の最大伸展率（20%以上）は，脂質膜の破壊限界（最大5%程度）をはるかに超えている．これらの結果は，パッチ膜を伸展させても，脂質膜には有効な張力が生じていないことを強く示唆する．おそらく，膜タンパク質がガラス電極内壁と強く接着する一方，脂質は，圧力に応じて比較的自由に，細胞側から電極に沿ってパッチ膜へ流入しているものと思われる．そこで著者らは，脂質膜ではなく膜タンパク質とリンクした膜骨格系が，パッチ膜における主要な張力伝達媒体ではないかと考えている．そして，膜骨格系に生じた張力が何らかの仕組みで機械受容チャネルに伝達され，チャネルを活性化するのであろう．

血管内皮細胞を用いた研究によって，膜骨格のうち，とくにアクチン骨格が機械受容チャネルの活性化に関わっていることが明らかになってきた．著者らのグループは，生きた細胞の内側からアクチン骨格に直接力を加え，機械受容チャネルの応答を調べた．細胞にファロイジンでコートしたビーズをホールセルパッチクランプ電極を通して注入し，アクチン骨格に結合したビーズを光ピンセットで操作することにより，アクチン骨格に引張力を与えた（図3.4(a)）．その際に流入する Ca^{2+} の瞬間像を高速近接場蛍光イメージングでとらえたところ（図(b)），アクチン骨格につながったインテグリン（緑色，3.2節参照）の近傍（数百 nm）に存在する機械受容チャネルが活性化することがわかった（赤の斑点）[27]．その後，ほかのグループは，細胞の外から磁気ビーズを用いてインテグリンに力を加えることで，その近傍から4ミリ秒以内に，TRPV4チャネルを介した Ca^{2+} 流入が起こることを観察した[28]．アクチン骨格とつながっていない膜タンパク質に力を加えても Ca^{2+} 流入は起こらなかったことから，内皮細胞における機械受容チャネルの活性化には，脂質膜よりもアクチン骨格に加わる力が重要だと思われる．アクチン骨格に生じる張力がどのような構造を通してチャネルに伝達されるのかは今後の課題である．

一方で，アクチン骨格は，脂質膜に生じる張力のみで活性化するタイプの機械受容チャネルに対しては抑制的にはたらく．たとえば，パッチ膜伸展による2孔型 K^+ チャネルの活性は，アクチン骨格を薬理的に破壊することで大幅に亢進する[29]．通常，細胞膜の細胞質側面はアクチン線維を主とする網目状の膜骨格によって構造的に裏打ちされているため，細胞膜を伸展しても脂質膜の変形は制限されている．しかし，膜骨格を壊すと伸展刺激によって脂質膜は引張され，膜張力が増大することでチャネルを活性化すると考えられる．このように，アクチン骨格は機械受容チャネルのタイプによって，促進的作用と抑制的作用の両面をあわせもっている．

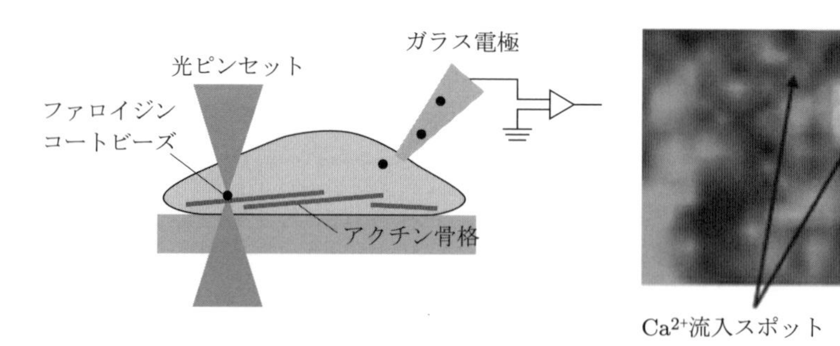

(a) アクチン骨格を直接引張しながら全細胞電流を測る方法

(b) インテグリン近傍からの Ca^{2+} の流入

図3.4　血管内皮細胞におけるアクチン骨格を介した機械受容チャネルの活性化（カラー口絵 p. IV）
（文献[38]より，Springer 社の許諾を得て転載．図を改変）

3.5 機械受容チャネルの現象論的速度論

機械受容チャネルは，入力である張力をイオン電流という出力に変換する分子素子であり，その変換機構の解明は機械受容チャネル研究の中心的課題である．分子反応に際して，分子内でどのような変化が起こっているのか推定するための古典的な方法として，反応速度の解析がある．ここでは，張力に応答した機械受容チャネルの活性化について，速度論的に考察する．

ニワトリ骨格筋の機械受容チャネルについて，パッチクランプ法により単一チャネル電流を測定すると，開と閉のデジタル的変化がとらえられる．個々の開と閉のイベントの持続時間を多数のチャネルについて記録して分布をとると，開時間は単一指数関数で分布する．一方で，閉時間の分布は三つの指数関数の重ね合わせで表現できる[17]．このことから，開状態は単一の状態としてふるまう一方で，閉状態には異なる三つの状態が存在するものと考えられる．そこで，これら 4 状態（三つの閉状態 C_1，C_2，C_3 と，一つの開状態 O_4）の間の遷移モデルとして，つぎのような簡単な線形モデルを考える．

$$C_1 \underset{k_{2,1}}{\overset{k_{1,2}}{\longleftrightarrow}} C_2 \underset{k_{3,2}}{\overset{k_{2,3}}{\longleftrightarrow}} C_3 \underset{k_{4,3}}{\overset{k_{3,4}}{\longleftrightarrow}} O_4$$

各状態を表す指数関数の係数と時定数から，状態間の遷移速度 $k_{i,j}$ を求めることができる．微小ガラス電極内の吸引圧を変えた場合のチャネルの開時間，閉時間の分布を調べ，状態間の遷移速度を求めると，上の 4 状態モデルの速度定数のうち，C_1 から C_2 への遷移速度 $k_{1,2}$ のみが吸引圧によって変化していた．吸引圧を大きくすると $k_{1,2}$ が大きくなるのである．C_1 と C_2 の間の平衡において，$k_{1,2}/k_{2,1} = p_{C_2}/p_{C_1} = K_c$（$p_{C_i}$：状態 C_i にある確率，K_c：平衡定数）なので，吸引圧によってこの平衡は C_2 のほうに傾く．すなわち，C_1 から C_2 への遷移のみが膜張力によって制御されており，膜張力はこの遷移を促進することになる．

それでは，膜張力によって C_1 から中間状態 C_2 へ遷移する際のエネルギー的描像はどのようなものであろうか．遷移速度 $k_{1,2}$ は，アイリング（Eyring）の関係式より，活性化自由エネルギー ΔG を用いてつぎのように書かれる．

$$k_{1,2} = k_{1,2}^0 \times e^{-\Delta G/k_B T}$$

k_B はボルツマン定数，T は絶対温度である．この遷移に必要な活性化自由エネルギーは，チャネルを構造変化させるために膜がなす仕事として与えられる．$\log(k_{1,2})$ が吸引圧の 2 乗に対して線形で増加していたことから[17]，ΔG は吸引圧の 2 乗で低下することになる．したがって，3.3節で触れたラプラスの式から，ΔG は膜張力に対しても2乗で低下する．ここで，チャネルを弾性的な円柱と仮定する．これはかなり大胆な仮定のようにも思われるが，力による微小変形において，多くのタンパク質が弾性的にふるまうことが明らかになってきていることから，それほど不合理ではない．膜は膜張力でこの弾性円柱を変形させることで，チャネルに仕事をすることになる．面積弾性率が K_A であるチャネルの（膜面に平行な）断面積を A から ΔA だけ増加させるのに必要な膜張力 S は，$S = K_A \cdot (\Delta A/A)$ である．この際，膜のなす仕事 W は

$$W = \frac{1}{2} K_A \left(\frac{\Delta A}{A} \right)^2 A = \frac{A}{2K_A} S^2$$

となる．膜からチャネルになされる仕事も膜張力の2乗に比例しており，これが活性化自由エネルギーを低下させて，チャネルの中間状態 C_2 への遷移を促進していると考えられる．

ここで注意してもらいたいのは，チャネルの最終的な開口過程（上の4状態モデルの C_3 から O_4 への遷移）は，膜張力の影響を直接には受けていないという点である．チャネル内のイオンの透過孔（ポア）には，その開閉を制御するゲートが存在し，C_3 から O_4 への遷移はゲートが開くことに対応する．一方，チャネルは外部からの刺激がなくても，熱ゆらぎによってときどき開閉する．すなわち，ゲートの開閉のための活性化自由エネルギーは，熱エネルギーと同程度のレベルである．どうやらチャネルは，開口直前の状態（上のモデルの C_3）にいる確率を上げるために膜からの仕事を使い，ゲート開閉のトリガには常温での熱エネルギーを利用しているようである．

以上のように，シンプルな速度論的解析から，機械受容チャネルの活性化における重要な中間状態の存在が示唆された．もちろん，ここでの解析のみでは，この中間状態への遷移がどのような分子構造変化に対応しているのかはわからない．タンパク質の原子レベルの構造情報を得るためにはX線結晶構造解析が多用されるが，膜タンパク質は一般的に結晶化が難しく，機械受容チャネルの中間状態を安定に保持した結晶を作製するのはきわめて困難である．このようななかで，細菌の機械受容チャネルであるMscLとMscSについては，閉状態の結晶構造が解かれており，この構造を出発点として計算機上で膜張力を加えることにより，チャネルの構造変化をシミュレートすることができる．次節では，MscLを例に，活性化過程での原子レベルの構造変化について述べる．

3.6 機械受容チャネルのサブナノスケールの動力学

細菌には，浸透圧の変化による細胞の膨張をモニターするための機械受容チャネルがある．細菌が低浸透圧環境にさらされると，機械受容チャネルが開口して，細胞内溶質と水を排出することで細胞内浸透圧を調節し，細胞の破裂を防いでいる．以下では，ほぼすべての細菌に発現している機械受容チャネルであるMscL（mechanosensitive channel of large conductance）の活性化（開口）の機構について詳しく述べる．

3.6.1 ◆ MscLの構造

MscLは，分子量15 kDaのサブユニットが環状に会合したホモ五量体である．サブユニットの膜貫通部分は，二つのαヘリックスTM1（内側）とTM2（外側）からなり，両者は細胞外ループで連結され，ややねじれたヘアピン状の配置をとる（図3.5(a)）[18]．内側のTM1は，イオンの透過孔（ポア）を裏打ちし，それを囲むように

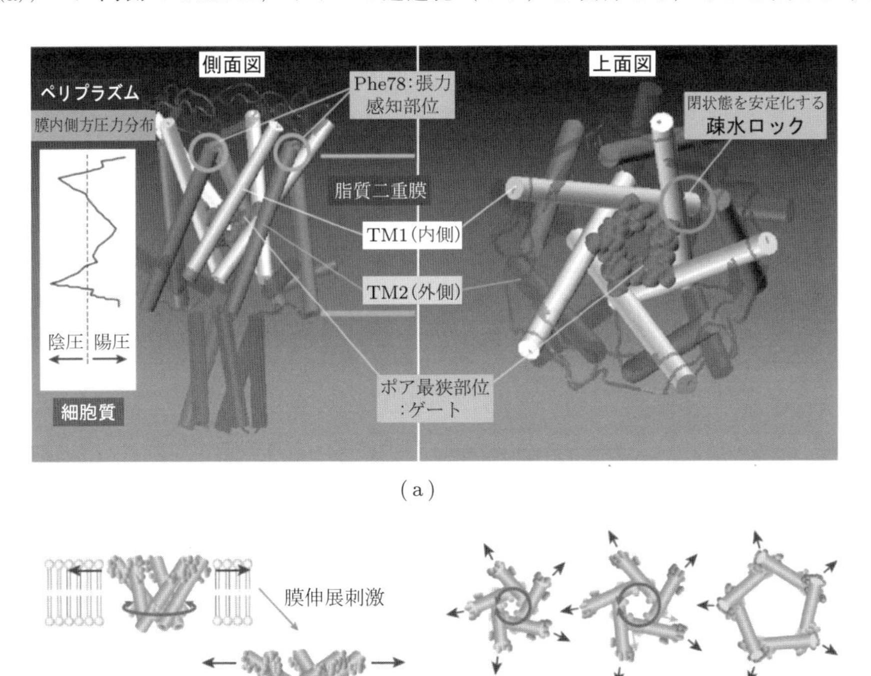

図3.5 機械受容チャネルMscLの立体構造（閉状態）と開口過程のモデル（カラー口絵p. V）
（文献[38]より，Springer社の許諾を得て転載．図を改変）

並んだTM2が脂質膜と接している．TM1のN末端とTM2のC末端には，短いαヘリックスが連結しており，前者は折れ曲がって脂質膜の内側面と相互作用し，後者は細胞質で束を形成している．

MscLのイオン透過孔（ポア）は，膜の細胞外側から細胞質側に向かって円錐状に内径が小さくなり，細胞質に近い部位で，最小直径3 Åほどに狭まっている．この最狭窄部がチャネルを開閉するゲートである．ゲートはTM1どうしが交差した部分での疎水性アミノ酸の相互作用により閉状態で安定化していて，疎水ロックとよばれる．しかし，このときの最狭窄部の直径は，水や小さなイオンは通過可能な大きさである．にもかかわらず，実際にはこれらが透過しないのは，ゲートの内側を覆う疎水性アミノ酸側鎖による撥水効果のためである．これにより，閉状態のゲート部分には，水分子もイオンも存在しない状態になっている（ヴェイパーロック（vapor lock）とよばれる）．問題は，MscLが膜張力をどこで受容し，その力がどのようにゲートの疎水ロックを解除してチャネルの開口にいたるのか，である．

3.6.2 ◆ MscLの膜張力受容

チャネルの活性化に重要なアミノ酸残基を同定するため，MscLにランダムにアミノ酸の点変異を導入したところ，脂質膜に面した七つの疎水性アミノ酸のいずれかを親水性アミノ酸に置換すると膜伸展によるチャネルの活性化が消失することがわかった[30]．3.4.1項で述べたように，脂質膜中で厚さ方向の側方圧力分布は一様でなく，膜表面近傍，とくに脂質のグリセロール近傍で張力が最大になるが（図3.5(a)），これら七つの疎水性アミノ酸残基は，いずれもこのグリセロール近傍に位置していた．このことから，この部位での疎水的なタンパク質－脂質相互作用を介して，膜の張力がMscLに伝わるものと考えられた．そこで，この部位をMscLの「張力センサー」と名づけた．

MscLと脂質膜の相互作用をより詳細に調べるために，MscL，脂質膜，水分子からなるモデル系（約10万原子）を構成し，分子動力学シミュレーションを行った．脂質膜と接しているアミノ酸残基と脂質との間の相互作用エネルギーを計算すると，上述の七つの疎水性アミノ酸のうち，とくにフェニルアラニン（Phe）78が強く脂質と相互作用していることがわかった[31]．これは，脂質分子のアルキル鎖とフェニルアラニンの芳香環との，CH-π相互作用によるものと推定された（図3.6(b)）．したがって，Phe78がMscLの主要な張力センサーであることが明らかになった．

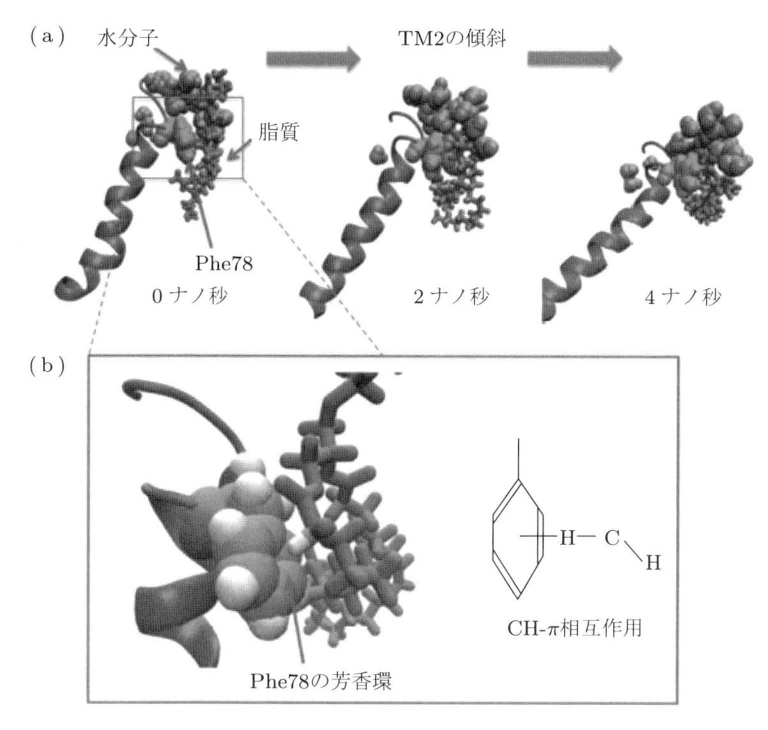

図 3.6 MscL の張力感知部位が脂質を介して引張されて TM2 が傾く様子（カラー口絵 p. V）
（文献[38]より，Springer 社の許諾を得て転載．図を改変）

3.6.3 ◆ MscL の開口過程

それでは，Phe78 を中心とする張力センサーに膜から力が加わった後，MscL はどのようにゲートの開口にいたるのであろうか．張力センサーは，斜めに傾いた TM2 の上端近くに位置しているため，膜の伸展にともなって，張力センサー部位が膜面に沿って放射状に引っ張られると，TM2 はさらに傾くであろう（図 3.5(b)左）．TM2 は TM1 と強く相互作用していることから，TM1 も TM2 とともに傾き，TM1 の交差部（疎水ロック）がスライドして，ゲートが徐々に開口すると想像される（図 3.5(b)右）．あたかもカメラの絞りが開く様子と似ていることから，「アイリスモデル」とよばれている．MscL の結晶構造でわかっているのは閉状態のみであるが，電気生理学とモデル解析から，開口時の口径は，閉口時の 10 倍以上の約 40 Å と推定されている．著者らのグループは，機械刺激なしに自然開口する MscL の変異体を in vitro 合成し，その構造を単粒子電子線トモグラフィーで解析することで，巨大な開口が形成されることを証明した[32]．このような大きな変形を TM1/TM2 の放射方向への平行移動のみで実現しようとすると，サブユニット間に大きな隙間が生じて開裂してしまい，チャネルとしての構造が維持できない．このことからも，TM1が斜めに倒れながらたがいに円周方向に滑り合うという「アイリスモデル」は合理的と考えられる．

つぎに，開口過程の詳細を知る目的で分子動力学シミュレーションを行った．3.6.2項で述べたのと同様の原子モデルを用いて，脂質膜の側方圧のみ減圧して膜張力を発生させ，MscLの構造変化を解析した．まず，TM2の傾きの変化を調べると，予想どおり脂質に引っ張られて，次第に傾いていく様子が観察された（図3.6(a)）．つぎに，TM1に注目すると，傾きながらたがいの交差部位を円周方向にスライドしており，アイリスモデルで予想された挙動が再現された（図3.7(a)）．スライディングの詳細をみるために，隣接するサブユニットの2本のTM1が交差する部位を拡大して示す（図3.7(b)）．膜伸展前はTM1（図3.7(b)の緑のヘリックス）のVal16，Leu19，Ala20がつくる疎水性ポケットに，隣接するTM1（図3.7(b)のピンクのヘリックス）のGly22がはまり込むことで，疎水ロックを形成している．伸展刺激によるTM1の引張りで，Gly22がポケットから外れて，かわりにヘリックスの1周先のGly26がポケットと相互作用し始める．これが疎水ロック解除の実体である．この2状態間には

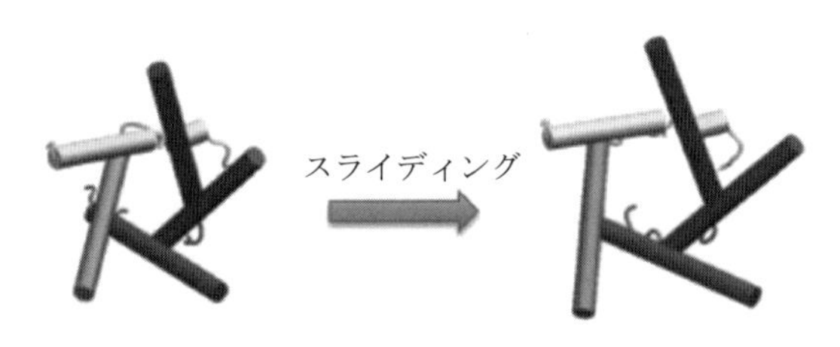

(a) TM1の非対称なスライド

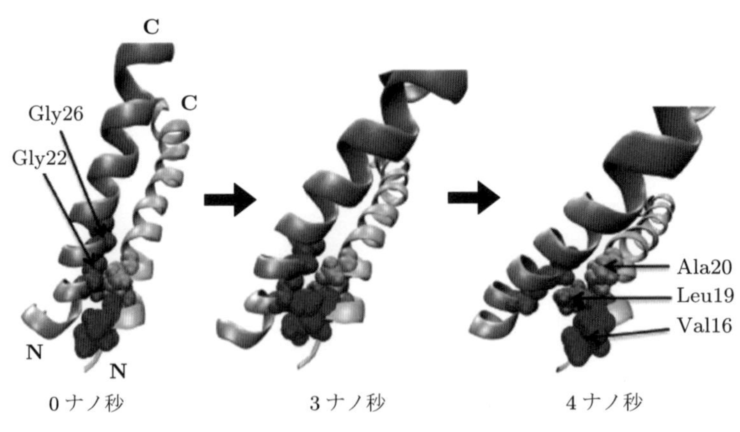

(b) TM1交差部のスライディング過程のスナップショット

図3.7　MscLのゲートが開口する様子（カラー口絵p. VI）
（文献[38]より，Springer社の許諾を得て転載．図を改変）

約 42 k_BT の大きなエネルギー障壁があるが[31]，これは電気生理学的に推定されている，最初の開口律速のエネルギー障壁の大きさ 38 k_BT[33] と近い値である．もう一点注目すべきは，TM1 の長軸周りの回転である．TM1 は N 端側からみて，わずかに右回転している（図 3.7(b)の緑のヘリックスに注目）．これにより，ポアをふさいでいた疎水性の Val16 が，ポアから外れてタンパク質内に隔離され，イオンの透過性向上に寄与していると思われる．

ところで，疎水ロック部は引張力で TM1 が傾く際の機械的な支点になっており，応力集中が起こる．傾く過程での TM1 を詳しくみてみると，TM1 の α ヘリックスを維持しているヘリックス内水素結合が，疎水ロック部の Leu19 と Val23 の間で破壊され，Leu19 の主鎖側のカルボニル酸素がポア側に露出することがわかった．図 3.7(b)をみると，確かに Leu19 と Ala20 の間で α ヘリックスがやや曲がっている．この露出したカルボニル酸素に，待機していた水分子が水素結合を形成し，ゲートの疎水環境が親水性に傾くと，一気に水分子がなだれ込む（ヴェイパーロックの解除）[34]．このヴェイパーロックの解除によって TM1 のスライディングと疎水ロックの解除が促進されるようにみえる．

以上をまとめると，「TM1 の引張り → Leu19 - Val23 間の水素結合の破壊と，主鎖カルボニル酸素の露出 → カルボニル酸素への水分子の結合と，それに続く水分子の侵入によるヴェイパーロックの解除 → TM1 のスライディング・回転による疎水ロックの解除と，Val16 の隔離」というプロセスでゲートの開口が一気に進むものと思われる．

3.7 力学応答におけるゆらぎのマルチスケールランドスケープ

機械受容チャネルは，膜張力の受容部位（張力センサー部）への入力に応答して離れたゲート部の状態が変化する，アロステリックタンパク質である．上の MscL の例でみたように，張力センサー部の構造変化が分子内を伝搬してゲート部の構造を変化させている．このような構造変化の伝搬は，しばしば機械部品の間で動作が伝搬していくかのようなリジッドなイメージでとらえられている．しかし，ナノメートルサイズのタンパク質分子は，常温において熱ゆらぎの大きな影響にさらされており，その立体構造も常にゆらいでいる．3.5 節で議論したように，チャネルはこのゆらぎをゲートの開閉に利用しているようであるが，構造変化の伝搬も必然的にゆらぎを含み，その影響を受けて進む．ゆらぎは，原子スケールの速い運動（原子間の熱振動や単結合における回転など）から，比較的大きくて遅い構造変化（ヒンジ部分の揺動や，局所的なアンフォールディング）まで，空間的にも時間的にも広域にわたっている．すなわち，定常状態においてタンパク質がとる構造は，ある形状を中心に，多くの状態が確率的に分布したものとなっている．このようなタンパク質の構造が逐次変化するとき，その遷移にはエネルギー的に（熱エネルギー程度の違いで）ほぼ等価の多数の経路が存在することになる．実際，MscL の開口過程のシミュレーション結果をみると，チャネルが非対称に開いていく様子がみてとれる（図 3.7(a)．この例では黄色のヘリックスに対する橙色のヘリックスのスライドが顕著である）．このことは，チャネルを構成する五つのサブユニットが，異なる経路をたどって構造変化していることを意味する．

それでは，ゆらぎによって多数の構造変化経路が存在することに，何らかの機能的な意義はあるのであろうか．近年，細菌の転写活性因子（NtrC）についての統計力学的研究により，構造変化の経路の数が多いとアロステリック転移の速度が増大することが示された[35]．この現象は，多数の経路が存在する（すなわち状態数 N が大きい）ことによるエントロピー効果に依拠しているようである（エントロピー：$S = k_B \log(N)$）．エントロピーが大きくなることで，アロステリック転移のための見かけの活性化自由エネルギーは押し下げられる（$\Delta G = \Delta H - T\Delta S$，$\Delta G$：活性化自由エネルギー，$\Delta H$：エンタルピー変化，$\Delta S$：エントロピー変化）．このように，一見無秩序な熱運動が，アロステリックタンパク質の大規模な構造変化を加速しうるのである．機械受容チャネルの開口にいたる構造変化において，熱ゆらぎが具体的にどのように寄与しているのか，今後の研究で明らかにされる必要がある．

ゆらぎは単一分子のみならず，多数の分子からなる複合体においてもみられる．3.2 節で述べたように，アクチンフィラメントは曲げ方向とねじれ方向にゆらいでおり，このうち，ねじれ方向のゆらぎがコフィリンの結合を調節しているようである．コフィリンの結合は，フィラメントをよりねじる方向に構造変化させ，その近傍でのコフィリンのさらなる結合を誘起する[36]．このようなコフィリンの協同的結合により，アクチンフィラメントにはコフィリンで覆われた部位（コフィリンロッド）ができる．ところで，コフィリンの生理機能はアクチンフィラメントの切断であり，この切断は熱エネルギーのみで起こる．コフィリンロッド部は通常のアクチンフィラメントに比べて曲げ剛性・ねじり剛性が高いため，ロッド部と非ロッド部の境界では，ひずみの集中が起こりやすい．アクチンフィラメントの熱運動によるひずみがロッド境界に集中し，これにより，フィラメントの切断が起こるのではないかと想像される．この例は，複合体レベルでのゆらぎが，分子の機能発現に関わっている可能性を示すものである．同様のメカニズムは，細胞膜と機械受容チャネルの間でも存在しているかもしれない．脂質膜は，おもに曲げ方向にゆらいでいるが，脂質膜に膜骨格による裏打ちや，クラスリン被覆ピット，あるいはコレステロールドメインなどの局所的に硬い領域が存在すると，それらの領域の境界では熱ゆらぎによるひずみと，その結果生じる応力の集中が起こるであろう．もしも，このような場所に機械受容チャネルが存在していれば，熱エネルギーはチャネルを活性化されやすい状態に遷移させ，チャネルの開口に必要な外力の閾値を下げるのに寄与するかもしれない．このようなメゾスコピックなゆらぎと分子機能調節との関係はこれまで未踏の領域であり，今後飛躍的に発展する可能性を秘めている．

3.8 おわりに

本章では，おもに細胞膜と機械受容チャネルを題材に，その力学応答の背後にある物理的基盤について，原子レベルの分子構造からメゾスコピックな膜物性までを概説した．生化学・分子細胞生物学研究によって，液性化学反応に基づいた生体内シグナリングについての理解はかなり深まった．これに加えて，近年，機械刺激の生体システム制御における重要性も明らかにされてきている．これには，原子間力顕微鏡や微細加工をはじめとする工学的技術の発展で，機械刺激を定量的に操作できるようになってきたことが大きく貢献している．しかしながら，機械刺激を生物学的信号に変換する原理の解明は遅れている．その主要な理由として，力学的入力とそれに対する機能的応答の両者を，定量的に測定・操作できる方法が非常に限られていることが挙げられる．こうしたなかで，機械受容チャネルについては，パッチクランプ法によって比較的古くから定量的な入力－出力関係が調べられてきており，生体の力学応答研究における一つのモデルケースになると期待される．一方で，動物細胞の細胞膜は，脂質膜だけでなく膜骨格や細胞外マトリックス，膜タンパク質クラスター，脂質ラフトなどを含んだ極めて不均一な系であり，このような複雑なシステムが，チャネルの周囲にどのような局所的力学環境を提供し，チャネルの機能を調節しているのかについて，現状ではほとんどわかっていない．

また，本章では言及しなかったが，実際の細胞における細胞膜の張力は，細胞膜からの膜小胞の脱離（エンドサイトーシス）や細胞膜への膜小胞の融合（エクソサイトーシス）によって，動的に調節されている．エンドサイトーシスによる細胞膜の細胞内への取り込みは，細胞膜の表面積を減少させて膜張力を増加させ，エキソサイトーシスではその逆の効果をもたらす．したがって，エンドサイトーシス・エキソサイトーシスは，機械受容チャネルの活性化に必要な機械刺激の閾値を変化させると考えられる．興味深いことに，エンドサイトーシスとエキソサイトーシスは，ともに膜張力による調節を受けている[37]．膜張力がどのような仕組みでエンドサイトーシス・エキソサイトーシスを調節しているのか詳細は不明だが，膜張力，機械受容チャネル，エンドサイトーシス・エキソサイトーシスを含むフィードバック機構の存在が想像される．細胞膜における，このような不均一で動的な因子が機械受容チャネルの活性化に及ぼす効果について，実験とモデリング，シミュレーションを組み合わせて，一つひとつ明らかにしていく必要がある．

参考文献

[1] Discher, D. E. Janmey, P. Wang, Y. L. Tissue cells feel and respond to the stiffness of their substrate, Science 310, 1139-1143, 2005.

[2] Engler, A. J. Sen, S. Sweeney, H. L. Discher, D. Matrix elasticity directs stem cell lineage specification, Cell 126, 677- 689, 2006.

[3] Guilluy, C. Osborne, L. D. Van Landeghem, L. Sharek, L. Superfine, R. Garcia-Mata, R. Burridge, K. Isolated nuclei adapt to force and reveal a mechanotransduction pathway in the nucleus, Nat Cell Biol. 16, 376-381, 2014.

[4] Yamamoto, K. Furuya, K. Nakamura, M. Kobatake, E. Sokabe, M. Ando, J. Visualization of flow-induced ATP release and triggering of Ca^{2+} waves at caveolae in vascular endothelial cells, J. Cell Sci. 124, 3477-3483, 2011.

[5] Gomez, G. A. McLachlan, R. W. Yap, A. S. Productive tension: force-sensing and homeostasis of cell-cell junctions, Trends Cell Biol. 21, 499-505, 2011.

[6] Hirata, H. Sokabe, M. Lim, C. T. Molecular mechanisms underlying the force-dependent regulation of actin-to-ECM linkage at the focal adhesions, Prog. Mol. Biol. Transl. Sci. 126, 135-154, 2014.

[7] Hirata, H. Tatsumi, H. Hayakawa, K. Sokabe, M. Non-channel mechanosensors working at focal adhesion-stress fiber complex, Pflugers Arch. 467, 141-155, 2015.

[8] Puklin-Faucher, E. Gao, M. Schulten, K. Vogel, V. How the headpiece hinge angle is opened: new insights into the dynamics of integrin activation, J. Cell Biol. 175, 349-360, 2006.

[9] Friedland, J. C. Lee, M. H. Boettiger, D. Mechanically activated integrin switch controls $\alpha_5\beta_1$ function, Science 323, 642-644, 2009.

[10] Kong, F. García, A. J. Mould, A. P. Humphries MJ, Zhu C. Demonstration of catch bonds between an integrin and its ligand, J. Cell Biol. 185, 1275-1284, 2009.

[11] del Rio, A. Perez-Jimenez, R. Liu, R. Roca-Cusachs, P. Fernandez, J. M. Sheetz, M. P. Stretching single talin rod molecules activates vinculin binding, Science 323, 638-641, 2009.

[12] Margadant, F. Chew, L. L. Hu, X. Yu, H. Bate, N. Zhang, X. Sheetz, M. Mechanotransduction in vivo by repeated talin stretch-relaxation events depends upon vinculin, PLoS Biol. 9, e1001223, 2011.

[13] Hirata, H. Tatsumi, H. Lim, C. T. Sokabe, M. Force-dependent vinculin binding to talin in live cells: a crucial step in anchoring the actin cytoskeleton to focal adhesions, Am. J. Physiol. Cell Physiol. 306, C607-C620, 2014.

[14] Hirata, H. Chiam, K. H. Lim, C. T. Sokabe, M. Actin flow and talin dynamics govern rigidity sensing in actin-integrin linkage through talin extension, J. R. Soc. Interface. 11, 20140734, 2014.

[15] Hirata, H. Gupta, M. Vedula, S. R. K. Lim, C. T. Ladoux, B. Sokabe, M. Actomyosin bundles serve as a tension sensor and a platform for ERK activation, EMBO Rep. 16, 250-257, 2015.

[16] Hayakawa, K. Tatsumi, H. Sokabe, M. Actin filaments function as a tension sensor by tension-dependent binding of cofilin to the filament, J. Cell Biol. 195, 721-727, 2011.

[17] Guharay, F. Sachs, F. Stretch-activated single ion channel currents in tissue-cultured embryonic chick skeletal muscle, J. Physiol. 352, 685-701, 1984.

[18] Chang, G. Spencer, R. H. Lee, A. T. Barclay, B. T. Rees, D. C. Structure of the MscL homolog from Mycobacterium tuberculosis: a gated mechanosensitive ion channel, Science 282, 2220-2226, 1998.

[19] Bass, R. B. Strop, P. Barclay, M. Rees, D. C. Crystal structure of Escherichia coli MscS, a voltage-modulated and mechanosensitive channel, Science 298, 1582-1587, 2002.
[20] Sokabe, M. Sachs, F. The structure and dynamics of patch-clamped membranes: a study using differential interference contrast light microscopy, J. Cell Biol. 111, 599-606, 1990.
[21] Sokabe, M. Sachs, F. Jing, Z. Q. Quantitative video microscopy of patch clamped membranes stress, strain, capacitance, and stretch channel activation, Biophys. J 59, 722-728, 1991.
[22] Sokabe, M. Nunogami, K. Naruse, K. Soga, H. Mechanics of patch clamped and intact cell-membranes in relation to SA channel activation, Jpn. J. Physiol. 43, S197-S204, 1993.
[23] Jadidi, T. Seyyed-Allaei, H. Tabar, M. R. R. Mashaghi, A. Poisson's ratio and Young's modulus of lipid bilayers in different phases, Front Bioeng Biotechnol. 2, 8, 2014.
[24] Perozo, E. Kloda, A. Cortes, M. Martinac, B. Physical principles underlying the transduction of bilayer deformation forces during mechanosensitive channel gating, Nat. Struct. Biol. 9, 696-703, 2002.
[25] Nomura, T. Cranfield, C. G. Deplazes, E. Owen, D. M. Macmillan, A. Battle, A. R. Constantine, M. Sokabe, M. Martinac, B. Differential effects of lipids and liso-lipids on the mechanosensitivity of the mechanosensitive channels MscL and MscS, Proc. Natl. Acad. Sci. USA 109, 8770-8775, 2012.
[26] Sokabe, M. Sachs, F. Towards molecular mechanism of activation in mechanosensitive ion channels, Adv. Comp. Environ Physiol. 10, 55-77, 1992.
[27] Hayakawa, K. Tatsumi, H. Sokabe, M. Actin stress fibers transmit and focus force to activate mechanosensitive channels, J. Cell Sci. 121, 496-503, 2008.
[28] Matthews, B. D. Thodeti, C. K. Tytell, J. D. Mammoto, A. Overby, D. R. Ingber, D. E. Ultra-rapid activation of TRPV4 ion channels by mechanical forces applied to cell surface β_1 integrins, Integr. Biol. 2, 435-442, 2010.
[29] Lauritzen, I. Chemin, J. Honoré, E. Guy, N. Lazdunski, M. Patel, A. J. Cross-talk between the mechano-gated K_{2P} channel TREK-1 and the actin cytoskeleton, EMBO Rep. 6, 642-654, 2005.
[30] Yoshimura, K. Nomura, T. Sokabe, M. Loss-of-function mutations at the rim of the funnel of mechanosensitive channel MscL, Biophys, J. 86, 2113-2120, 2004.
[31] Sawada, Y. Murase, M. Sokabe, M. The gating mechanism of the bacterial mechanosensitive channel MscL revealed by molecular dynamics simulations: from tension sensing to channel opening, Channels 6, 317-331, 2012.
[32] Yoshimura, K. Usukura, J. Sokabe, M. Gating-associated conformational changes in the mechanosensitive channel MscL, Proc. Natl. Acad. Sci. USA. 105, 4033-4038, 2008.
[33] Sukharev, S. I. Sigurdson, W. J. Kung, C. Sachs, F. Energetic and spatial parameters for gating of the bacterial large conductance mechanosensitive channel, MscL, J. Gen. Physiol. 113, 525-539, 1999.
[34] Sawada, Y. Sokabe, M. How do cells sense mechanical stresses, Cryobiol. Cryotech. 57, 19-23, 2011.
[35] Itoh, K. Sasai, M. Entropic mechanism of large fluctuation in allosteric transition, Proc. Natl. Acad. Sci. USA. 107, 7775-7780, 2010.
[36] Hayakawa, K. Sakakibara, S. Sokabe, M. Tatsumi, H. Single-molecule imaging and kinetic analysis of cooperative cofilin-actin filament interactions, Proc. Natl. Acad. Sci. USA. 111, 9810-9815, 2014.
[37] Apodaca, G. Modulation of membrane traffic by mechanical stimuli, Am. J. Physol. Renal. Physiol. 282, F179-190, 2002.
[38] Sokabe, M. Sawada, Y. Kobayashi, T. Ion Channels Activated by Mechanical Forces in Bacterial and Eukaryotic Cells. Subcellular Biomechemistry 72: 613-626, 2015.

第4章

細胞接着のメカノバイオロジー：細胞収縮性に依存した機能調節の仕組み

執筆担当：出口真次

4.1 はじめに

細胞接着は，複数のタンパク質によって構成される複合体であり，細胞運動全般で重要な役割を果たす構造物である．細胞が運動を起こすには，力学的な力が必要である．力は，力学の作用・反作用の法則に従って現れるために，力を受け合う接触した相手がいなければ，力学的な力を発生できない（図 4.1）．この接触は，細胞接着（後述のとおり，細胞基質間接着と細胞間接着の二つに大別される）を介して行われる．したがって，細胞に及ぼす力や細胞が発生する力を理解するには，細胞接着について知ることが重要である．また，細胞接着の機能調節には，従来的な細胞生物学だけでなく，力学的要素が本質的役割を果たしていることが明らかとなっている．したがって，この細胞接着のメカノバイオロジーについて真に理解するには，生物学と力学が混合した膨大な範囲に及ぶ知識が求められる．そこで，本章のねらいは，当該分野（細胞収縮性や張力が，いかにして細胞接着を維持・機能させるか）について詳しく，ただし見通しよく解説し，この学際研究のさらなる深化と発展のために，多くの研究

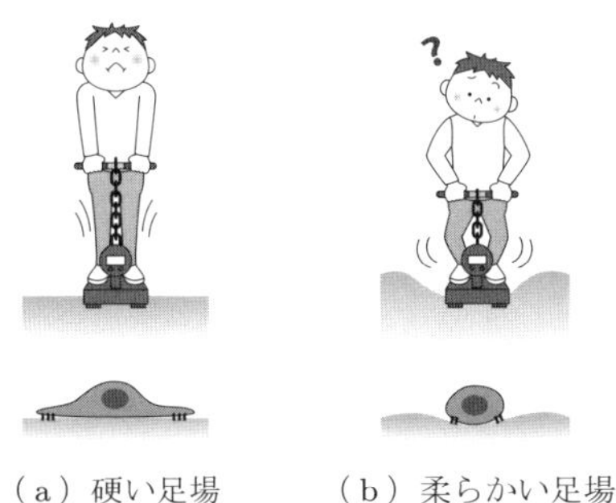

（a）硬い足場　（b）柔らかい足場

図 4.1　力は作用・反作用の法則に従って発生する．細胞の足場（細胞外マトリックス）が硬い場合（a）は力を発生しやすいが，柔らかい場合（b）は力を出しづらい．

者や学生と議論できる基礎を築くことである．

細胞の移動は，通常，細胞接着を進行方向前部で形成し，一方で細胞後部で消失させることによって行われる．たとえば，癌細胞が増殖に必要な栄養素を得るためには，癌細胞みずからの近傍に，血管を引き寄せる作用を有する因子（4.3.2 項で述べる VEGF）を放出する．これを受け取った血管内皮細胞が，癌細胞側へ引き寄せられるように移動（浸潤）する．この血管内皮細胞の移動時に，細胞の足場となる細胞接着の形成を薬剤などによって阻害すると，癌細胞は血管を引き寄せることができず，癌腫瘍の増殖が抑制されることが固体レベルで確認されている．このように，癌の増殖を抑える制癌剤の開発のためにも，細胞接着の生成・機能の仕組みを理解することが重要である．また，癌細胞や血管内皮細胞のこれらの挙動に限らず，われわれの体が細胞からつくられ，かつ維持される仕組みそのものを理解するためにも，細胞接着は重要な研究対象である．

また，生体親和性のあるバイオマテリアルや人工臓器の開発および再生医療では，細胞接着性の向上もしくは抑制を精緻に制御し，炎症を誘起しない細胞の健康状態を保つことが求められる．それには，細胞接着の形成・成長・維持の分子メカニズムを理解したうえで，材料開発にあたることが求められる．

細胞接着は単純に接着の足場となる物理的要素であるだけでなく，細胞内の生化学反応を左右する要素でもある．細胞の動きや機能の多くは，タンパク質のはたらきによって達成される．特定の基質タンパク質が，別の酵素タンパク質の作用を受けて，リン酸化されることなどによって，活性化（スイッチオン）されたり，不活性化（オフ）されたりする．このスイッチオン・オフは異なるタンパク質間で連鎖的に行われ（たとえば，タンパク質 A が活性化され → その結果，タンパク質 B が活性化され → その結果，タンパク質 C が不活性化され → その結果，タンパク質 D が活性化され → その結果，タンパク質 E が不活性化され → …など），細胞内でタンパク質を通して情報が伝達されていく．これはシグナル伝達とよばれ，伝達されるタンパク質変化の内容に応じて，細胞の生存（生きるか）・アポトーシス（死ぬか）[†]・分化（生まれ変わるか）・炎症促進（免疫細胞の助けをよぶか）・移動（栄養を求めるか）などの諸挙動が決まる．また，シグナル伝達は，ひいては転写因子（とよばれるタンパク質）のスイッチオン・オフを制御する．転写因子は，核内において特定の遺伝子の発現量を調節し，その遺伝子に対応したタンパク質の発現量を調節する．

以上をまとめると，細胞接着は，単に細胞外部との物理的な接着に必要な構造要素であるだけでなく，シグナル伝達とよばれる細胞内生化学反応に直接関係し，細胞の

---

† apoptosis：個体をよりよい状態の保つために，積極的に引き起こされるプログラムされた細胞の死．

挙動を定める要素であり，さらには「シグナル伝達の状態」に応じて，特定の遺伝子の発現量を変えるための「きっかけ」となる要素である．ここでの「シグナル伝達の状態」とは，「細胞をとりまく外部の状況」を反映したものである．また，「きっかけ」とは，より詳しくは，「細胞外部の状況を感知して細胞内にその情報を伝えるきっかけ」である．つまり，細胞接着というタンパク質複合体は，細胞外部の状況に応じて，細胞内の特定のタンパク質の活性化状態や，遺伝子・タンパク質の発現量を調節するための外部状況感知センサーとして作用する．

細胞接着が感知する対象である「細胞をとりまく外部の状況」として，昨今注目を集めているのが「力学環境」である．本章は，細胞接着をセンサーとして，細胞が力学環境を感知する仕組みを主題とする．そのために，まず，つぎの 4.2 節では，本章が対象とする細胞接着を具体的に定義する（一口に細胞接着といってもさまざまな種類があるため，本章では特定の対象にしぼって話を進める）．4.3 節では，細胞接着を制御するもっとも重要なタンパク質の一つである，非筋 II 型ミオシン（nonmuscle myosin II もしくは cytoplasmic myosin II とよばれ，また日本語では非筋ミオシン II と書かれる場合もある）について述べる．4.4 節では，非筋 II 型ミオシンがつくるタンパク質複合体であり，細胞接着と物理的に直接結合して役割を果たすストレスファイバー（stress fiber: SF）について述べる．この 4.4 節のキーワードは，「細胞収縮性」である．非筋 II 型ミオシンは，細胞接着を制御する細胞収縮性，ひいては物理的な張力をつくるおおもととなるタンパク質である．また，ストレスファイバーとは，細胞収縮性が高い状態において顕著に現れる細胞内構造物である．最後に，4.5 節では，どのようなメカニズムに基づいて，細胞収縮性（細胞収縮性と張力の関係は 4.4.3 項で述べる）が細胞接着を制御し，力に対して細胞が応答するのかについて，現在の代表的な知見を述べる．

4.2　細胞接着の分類

細胞接着は，大別すると，「細胞・基質間接着（細胞と細胞外マトリックスの間の接着）」と「細胞間接着（細胞と細胞の間の接着）」の二つがある（図 4.2）．本章では，前者の細胞・基質間接着を対象とし，後者の細胞間接着は割愛する．

細胞・基質間接着がとくに重要となるのは，間葉系細胞である．間葉系細胞とは，非上皮性の形態や挙動を有する細胞の総称である．具体的には，線維芽細胞や骨芽細胞，前節で述べた血管内皮細胞などが含まれる．また，間葉系細胞ではない上皮細胞であっても，上皮間葉転換（epithelial-mesenchymal transition: EMT）という現象を経て，間葉系様の細胞へと変化する．なお，EMT は発生の段階でみられる生理的な

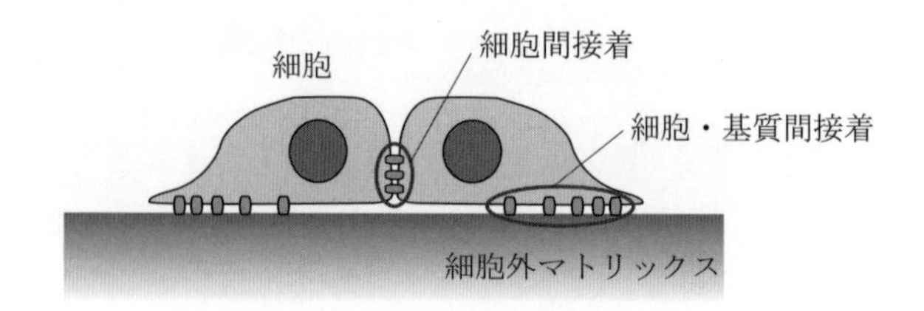

図 4.2　細胞・基質間接着と細胞間接着

現象であるが，上皮細胞の癌化の際にも起こる現象である．

これらの細胞でとくに顕著に発現する細胞・基質間接着には，細胞膜貫通型タンパク質のインテグリン（integrin）が含まれている．インテグリンの細胞外側領域では，細胞外マトリックス（細胞外基質，extracellular matrix）と結合して，物理的に固定される（図 4.3）．ただし，インテグリンと細胞外マトリックスの親和性はとくに高くはなく（解離定数 $K_d \sim 10^{-7}$ M）[1,2]，比較的高い頻度で細胞外マトリックスから自然に離れるために，細胞が完全に固定されるわけではなく，一時的に細胞局所を錨でとめるような役割を果たす．インテグリンの細胞質側では，タリン（talin），ビンキュリン（vinculin），FAK（focal adhesion kinase），サーク（src），パキシリン（paxillin）など複数のタンパク質が共局在して，巨大な複合体を形成する．この細胞・基質間接着の複合体には，少なくても 150 種類のタンパク質が出入りする[3]．

インテグリンを含むこの細胞・基質間接着は，小さくて点状の焦点複合体（focal complex: FC），および大きくて線維状の焦点接着斑（focal adhesion: FA†）の二つに分類される（図 4.4）．FA のさらなる分類として，筋線維芽細胞などの収縮性の強

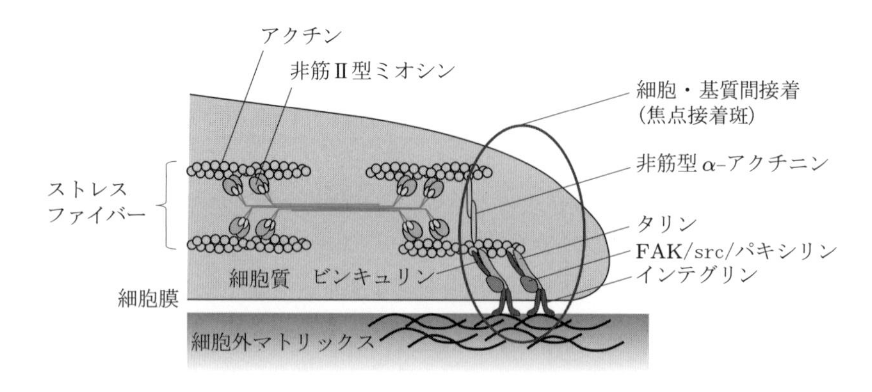

図 4.3　細胞・基質間接着とストレスファイバー

† FA という言葉は，現在ほぼ定着しているが，かつては focal contact ともよばれた[4]．後者は，略語にしたときに focal complex と区別できず，使われなくなったと思われる．

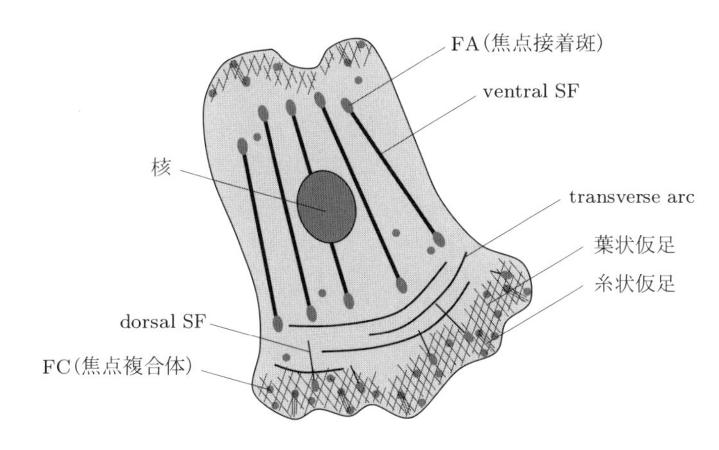

図 4.4 ストレスファイバーと細胞接着の種類

い細胞では，細胞・基質間接着がさらに発達（小さく点状のFCから徐々に成長して落ち着くために，「発達」よりも「成熟」という言葉のほうがよく使われる）して，FAよりもさらに長い線維接着（fibrillar adhesion: FB）や，サイズの大きい超成熟FA（supermature FA, suFA）とよばれる接着構造も現れる．

昨今では，プロテオミクス解析[3]，超解像蛍光顕微鏡観察[5]や蛍光イメージング[6]に基づく研究から，FCやFAのタンパク質組成や，その空間的配置の詳細が明らかになりつつある．これらの成果の大部分は，米国国立衛生研究所NIHのWaterman†のグループによって報告されている．これらの研究の結果から，細胞・基質間接着の構造は，生化学的因子だけでなく，力学的因子にも依存して調節されることが明らかとなっている．そこで，つぎの4.3節では，この力学的因子の根幹をなす非筋II型ミオシンのはたらきについて述べる．

4.3 非筋II型ミオシンの機能と制御

4.3.1 ◆ 非筋II型ミオシンの種類と機能

通常，II型ミオシンというと，骨格筋細胞，すなわち筋肉の収縮運動を直接担う分子モータータンパク質をさす場合がほとんどである．これは，骨格筋ミオシンともよばれる．そのほかに，心筋細胞には心筋ミオシン，また平滑筋細胞には平滑筋ミオシン（smooth muscle myosin）というアイソフォーム（基本的な機能に関わるアミノ酸残基は共通しているが，その他のアミノ酸配列が異なるタンパク質のこと）がそれぞ

† 細胞骨格動態を観察する有力な方法であるスペックル顕微鏡の開発者でもある．

れ発現している.

一方，非筋細胞にもII型ミオシンのアイソフォームである非筋II型ミオシンが存在している．また，非筋細胞には，非筋II型ミオシンだけでなく，多くの場合，平滑筋ミオシンが同時に発現している．これまでに，非筋II型ミオシンと平滑筋ミオシンの異なる性質や役割が調べられているが，両者ともその活性化にはミオシン調節軽鎖（myosin regulatory light chain: MRLC）という別のタンパク質が関与するなど，両者には似た点が多い（ただし，4.4.2項で述べるblebbistatinというII型ミオシンの研究でしばしば利用される薬剤は，平滑筋ミオシンだけには効果がない）．本章では，非筋II型ミオシン（以降はミオシンと略記）を想定して述べるが，本節で述べることは，平滑筋ミオシンに対しても，基本的に同様に成り立つと考えてよい.

4.4.4項と4.4.5項で詳述するメカニズムに基づいて活性化されたミオシンは，細胞内反応の基本的なエネルギー源であるATP（アデノシン三リン酸）からエネルギーを得て，アクチンフィラメント（actin filament: AF）上を，アクチンのプラス端（または反矢尻端（barbed end）とよばれる）側に向かって移動する．活性型のミオシンは，双極性のミニフィラメント（骨格筋ミオシンがつくる双極性の「太いフィラメント（thick filament)」と比べてサイズが小さいために，「ミニ」がつけられる）を形成するため，異なる方向に極性を向けた2本の異なるAFを，中心側へとたぐり寄せるように動かすことができる．すなわち，分子モーターとしてのはたらきを有する(図4.5)．もし，これらのAFの外側の位置が固定されていれば，ミオシンがAFを中心側に引っ張ることによって，張力（収縮力）が生じる．なお，このアクチン・ミオシン収縮力を長時間持続的に発生するのに特化した細胞内構造物が，4.4節で述べるストレスファイバーである.

活性型ミオシンが形成する双極性のミニフィラメントとは，各2本のミオシン重鎖（分子量200 kDa)，MRLC（20 kDa)，およびミオシン必須軽鎖（17 kDa）からなる六量体を構成単位とする．重鎖にあるミオシン頭部には，アクチンとATPの両分子にそれぞれ結合する部位が存在する．ATPがなければ，このミオシンの頭部はアクチンに結合し，ATPを結合するとアクチンから離れる（図4.6の①→②)．ミオシンがATPを加水分解できる状態にあるとき（具体的には，4.3.2項で述べるとおり，MRLCがリン酸化されているとき)，ATPはADP（アデノシン二リン酸）と無機リン酸に分解される（②→③)．この無機リン酸がミオシン頭部から離れると（③→④)，ミオシンは加水分解によって得たエネルギーを利用して，AF上をプラス端側にパワーストローク（首振り運動）する．これにより，ミオシン頭部の付け根部分は，アクチンに対してプラス端側へと相対的位置を前進させる．続いて，ミオシン頭部に残っていたADPが離れ（④→①)，さらに新たなATPが結合すると，ミオシンはアクチ

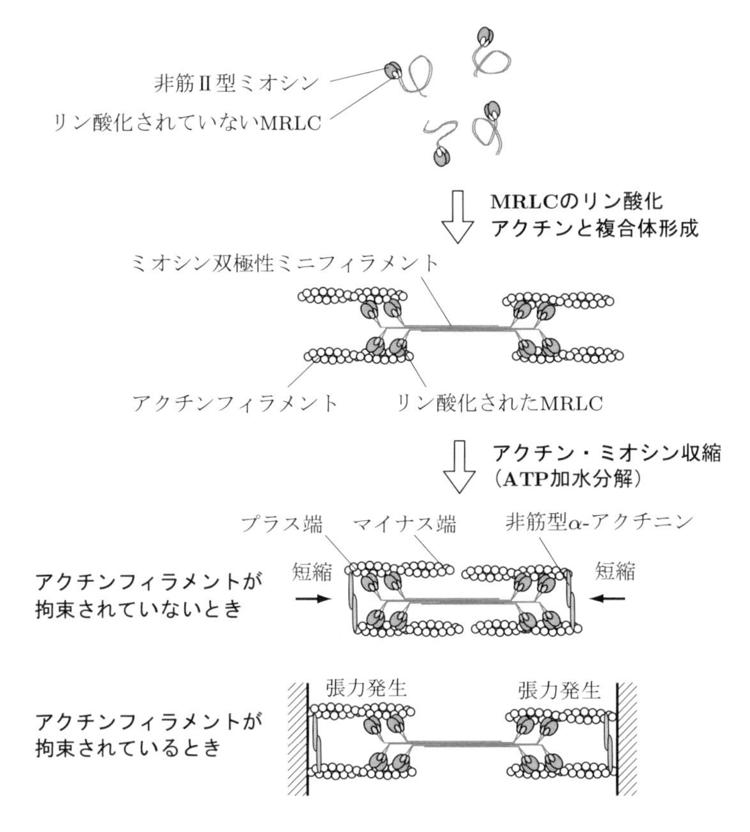

図 4.5 非筋 II 型ミオシンに及ぼす MRLC リン酸化と，アクチン依存的 ATP 加水分解の影響

ンから離れる（①→②）．このようにして，ATP 加水分解の 1 サイクルが回ると考えられている（ただし，とくに骨格筋ミオシンでは，このように 1 回の ATP 加水分解と AF 上のミオシンの運動とが完全に同期していない，というルースカップリング説もある）．ミオシンが ATP を加水分解して ADP を放出する過程（④→①）において，AF のプラス端側に動きを妨げる拘束（抵抗負荷）があれば，ミオシンが AF を引っ張って，張力（収縮力）を発生する（図 4.5）．

ミオシンによる上記の ATP 加水分解サイクルにおける各ステップの反応速度は，単に温度や ATP，ADP，無機リン酸などの濃度などの化学的パラメーターに依存しているだけでなく，昨今，力学的パラメーター（ミオシンに作用する張力）も関与しているとの説が提示されている．このミオシンの性質は，とりわけストレスファイバーの構造維持において重要と考えられるために，4.4 節で詳しく説明をする．

なお，ミオシン重鎖には三つのアイソフォームがあり，同一アイソフォームの重鎖

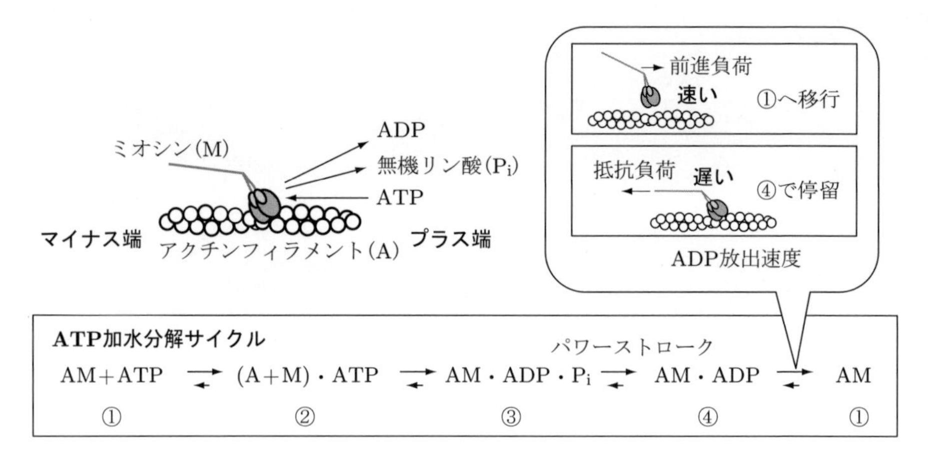

図4.6　アクチン・ミオシンによるATP加水分解のサイクル
およびその反応速度の力学的負荷依存性

がホモダイマーとして複合体を形成して，一つのミオシン双極性ミニフィラメントをつくる．この三つの異なるアイソフォームによってつくられたミオシンは，nonmuscle myosin IIA（NMIIA），nonmuscle myosin IIB（NMIIB），nonmuscle myosin IIC（NMIIC）とよばれる．多くの細胞種において，NMIIAは細胞の辺縁側に局在し，一方，NMIIBは細胞の中心部を含めて細胞質全体に分布する．両者はATP加水分解速度が異なるために，相補的でない区別された機能があると考えられているが，詳細はわかっていない．

NMIIAとNMIIBは，身体の形態形成や機能発現に主たる役割を果たす分子モーターであるために，その遺伝子ノックアウトはほとんどの場合胎生致死となる．一方，変異がある場合は，誕生するもののさまざまな疾患が現れる[7]．このように，ミオシンが不可欠なことからも，生体構造の形成と維持において，いかに張力が重要な役割を果たしているかをうかがい知ることができる．一方，NMIICは上皮細胞の細胞間接着の形成に関与するといわれるが，その性質はあまり解明されておらず，NMIICをノックアウトしてもとくに異常は認められていない．

4.3.2 ◆ 非筋II型ミオシンの制御

ミオシンの活性化，すなわちATP（厳密には細胞内ではマグネシウムイオンと複合体を形成している）の加水分解能の発現は，MRLC（ミオシン調節軽鎖）の19番目のセリン残基と，18番目のスレオニン残基のリン酸化によって達成される．MRLCは，ミオシン重鎖の頭部と尾部の間に結合するタンパク質であり，そのリン酸化状態に依存して，頭部と尾部の間の角度を調節して，アクチンとの相互作用のしやすさを変え，その結果，アクチンとミオシンによるATP加水分解能を発揮させる．また，MRLCの1番目と2番目のセリン残基，および9番目のスレオニン残基でもリン酸化調節を受けるが，その役割は本項の最後に述べる．

MRLCは，まず19番目のセリンでリン酸化されると（1P-MRLC），そこで初めてミオシンは双極性のミニフィラメントを形成する（図4.5）．また，アクチンと結合した際に，ATP加水分解能を示すようになる．さらに，18番目のスレオニンもあわせてリン酸化されると（2P-MRLC），アクチンと共存時のATP加水分解能がさらに向上する．この1P-MRLCと2P-MRLCのATP加水分解能の相対的な違いとして知られるデータはin vitroで計測されたものであるが，細胞内において両状態に明確な役割の違いがあるのか，あるいはATP加水分解の程度を変えるだけであるのかは不明である．

MRLCをリン酸化する主たる酵素は，Rho-kinase（ROCKともよばれる）およびmyosin light chain kinase（MLCKともよばれる）である（図4.7）．また，Rho-kinaseはZIPK（Zipper-interacting protein kinase）のリン酸化を介して，ZIPKによるMRLCのリン酸化を促す経路も知られている．

Rho-kinaseは，活性型（GTP（guanosine triphosphate）が結合）のRhoAが結合

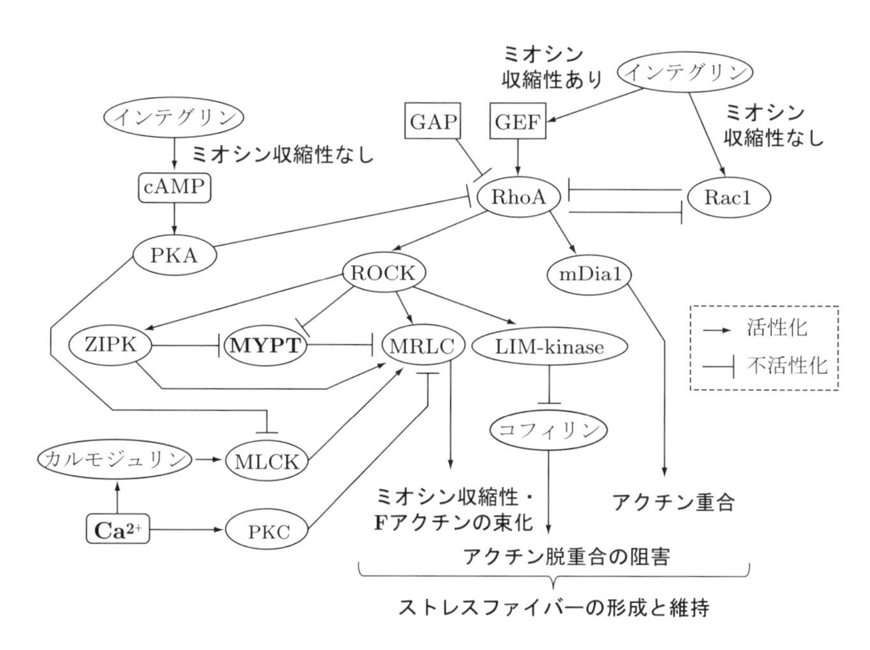

図4.7　ストレスファイバーの形成と維持に関わるシグナル伝達経路の概要

すると活性型となる．RhoA 自身の活性化は，60 種類以上もの種類がある GEF（guanine nucleotide exchange factor，RhoA を含む低分子量 GTP 結合タンパク質（small GTPase）とよばれる種類のタンパク質を活性化する分子）によって行われる．また，RhoA の不活性化は，GEF と同じく多種類が存在する GAP（GTPase-activating protein，RhoA を含む small GTPase タンパク質を不活性化する分子）によって行われる．RhoA に特異的な GEF としては p190RhoGEF，また GAP としては p190RhoGAP などが知られている．しかし，これらの分子を含む GEF と GAP の多くはその活性化分子経路が十分に解明されておらず，RhoA ひいてはミオシンが厳密にどのような分子メカニズムで活性化されるのかは，ほとんどの場合不明のままである．したがって，MRLC とは直接結合せずに，一見すると収縮力の発生とは無関係と思える転写因子などに変異を入れた場合や，より生理的には，血管内皮細胞増殖因子（vascular endothelial growth factor: VEGF），トロンビン（thrombin），エンドセリン（endothelin），血小板由来増殖因子（platelet-derived growth factor: PDGF）などが，細胞膜の受容体に結合したときなどにも，Rho-kinase を介して MRLC の細胞内リン酸化レベルが変わり，細胞の収縮力が変化する．このように，細胞の運動をつかさどるミオシンおよびその調節分子の MRLC はさまざまなシグナルの下流において制御されており，多様な機能を実現するための運動源となっている．

このように，複雑な分子経路の中であっても，RhoA を活性化する経路は細胞内 Ca^{2+} とは直接関与しないのに対して，MLCK は Ca^{2+} と結合するカルモジュリン（calmodulin）の結合によって活性化される．このように，性質の異なる MRLC リン酸化酵素が存在する理由として，速い動きを細胞に起こさせるには Ca^{2+} の流入に伴う速い調節が可能な MLCK を用いる一方，ゆっくりとした持続的な収縮を引き起こすには Ca^{2+} 非依存的な Rho-kinase が用いられる，という役割分担があると提案されている[7]．しかし，経験的には，これらの MLCK と Rho-kinase の使い分けは細胞種に依存しており，普遍的な役割分担があるわけではないと思われる．Ca^{2+} に依存した細胞収縮の制御は，ストレスファイバーの詳細を説明する 4.4.5 項において改めて述べる．

MRLC の脱リン酸化に関わるタンパク質には，MYPT（myosin-binding subunit ともよばれる）が同定されている．この分子は，Rho-kinase によるリン酸化によって不活性化される．また，前述の ZIPK によっても，MYPT は不活性化される．つまり，Rho-kinase や ZIPK は，直接 MRLC をリン酸化するとともに，MYPT を不活性化することによっても，MRLC のセリン・スレオニンリン酸化に寄与する．

また，インテグリンと細胞外マトリックスとの結合などによって活性化されるセカンドメッセンジャーの cAMP（cyclic AMP，環状アデノシン一リン酸）によって活性化される PKA（protein kinase A）は，RhoA および MLCK をリン酸化し，その結果，両者ともにリン酸化酵素活性が阻害される．つまりこれは，ひいては MRLC の細胞内リン酸化レベルの低下につながり，ミオシンによる細胞収縮力の発生が抑制される．そのほかにも，収縮力の抑制につながるいくつかの GAP の関与が報告されている．

ここまでの MRLC のリン酸化（1P-MRLC，2P-MRLC）は，19 番目セリンと 18 番目スレオニンに起こるものであるが，1 番目，2 番目セリンと 9 番目スレオニンも，PKC† （protein kinase C）によってリン酸化を受ける．ただし，これらは前段落までに述べた 1P-MRLC，2P-MRLC と違って，阻害的にはたらくものであり，これらのリン酸化の結果，MLCK によるリン酸化を抑制し，1P-MRLC，2P-MRLC の状態をつくりづらくして MRLC を不活性化する．これは，上で述べた PDGF の受容，およびやはりセカンドメッセンジャーである Ca^{2+} によって，PKC が活性化されることによって起こる[8]．

4.4　ストレスファイバーの機能と制御

4.4.1 ◆ ストレスファイバーの構造と分類

ストレスファイバー（SF）とは，AF が束になった細胞内線維状構造物である（図 4.8）．細胞外においても，アクチンとその架橋タンパク質を混合して一見 SF に似たアクチン束化構造物をつくることができるが，実際の SF はアクチン架橋タンパク質以外の多くの修飾タンパク質から構成されており，さまざまな生理的機能を行う細胞小器官である．

フィンランドの細胞骨格研究者 Lappalainen が提唱して以来，細胞内 SF を，少なくともつぎの 3 種類に分類することが定着している．それは，

（1）細胞の腹側（2 次元培養時には下側）に局在し，その両端において細胞・基質間接着を介して細胞外基質に結合する ventral SF

（2）両端ともに直接は細胞外マトリックスに結合しておらず，細胞の背側に現れる transverse arc

（3）片端だけ細胞外マトリックスに結合し，もう片端は細胞の背側（2 次元培養時には上側）に伸びて，おもに transverse arc と結合する dorsal SF

である[9]（図 4.4）．本節は，とくに細胞接着と（ミオシンおよび SF による）収縮性との関係を述べるために，細胞接着と密接な相互作用のある ventral SF を対象とする．

† 神戸大学の西塚泰美によって発見された．

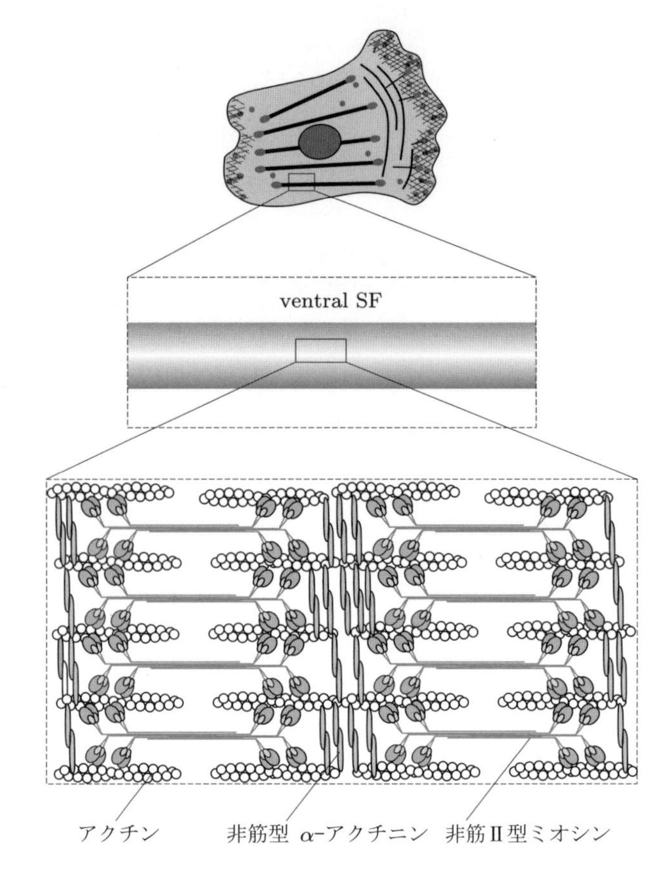

図 4.8　ストレスファイバーの構造

この腹側の SF は，とくに，遊走状態にない間葉系細胞によく観察される．上皮細胞であっても，硬い基板上に培養した際には細胞基底部に観察される．一方，常時遊走状態にある運動性の細胞では transverse arc がよく観察され，それは先導側から細胞中心部へと顕著に流れる動きを示す．また，transverse arc は，2 本の dorsal SF と融合して，最終的に ventral SF がつくられるまでの過渡的な構造物であると考えられている．

運動性の細胞では，細胞後端部の引き込みに SF の収縮運動が使われる．ただし，この運動性細胞後端の SF（ここでは，運動性 SF とよぶことにする）は，電子顕微鏡観察によると，非運動性の細胞の SF（ここでは，非運動性 SF とよぶ）とは明確に異なる分子構造を有している[10]．具体的には，SF 内の AF の極性の配置が異なっている．運動性 SF では，その長軸方向に沿って，AF の極性が徐々に連続的に変化していくのに対して，非運動性 SF では，準周期的に不連続に変化する．つまり，非運動性 SF では，筋肉を構成する筋原線維のサルコメア（sarcomere）と同様な構造を有している（図 4.5 の一番下）．ここで，サルコメアとは収縮を起こすための最小単位であり，ミオシン双極性フィラメント（4.3.1 項で述べた太いフィラメント）が中央に位置しており，その両側に，反矢尻端（プラス端）を外側に向けた別々の AF が存在する．筋肉の場合，各サルコメアの両端には，反矢尻端を向けた AF があるが，それが Z 盤（アクチン架橋タンパク質の α–アクチニン（α-actinin）を主成分とする）を介して，隣のサルコメアとつながる．したがって，筋肉内の筋原線維に沿って複数のサルコメアをたどると，アクチンの極性が周期的に交互に入れ替わる．非運動性 SF も，筋肉のサルコメアと同様の構造を有していると考えられているが，次段落に述べるとおり異なる点も多くあり，SF の場合は，特別に非筋サルコメア（nonmuscle sarcomere）とよび，筋肉のサルコメアと区別することが一般的である．

SF の非筋サルコメアは，筋肉のサルコメアのように高度に構造が整列していない．筋肉のサルコメアでは，ネブリン（nebulin）というタンパク質が AF の長さを固定しているといわれている．長さのそろった AF からサルコメアが形成されるために，どのサルコメアも同じ形態をとり，一つのサルコメアにつき（1 本の太いフィラメントにつき）600 個と定まったミオシン頭部があるといわれている（つまり，4.3.1 項で述べたとおり，ミオシンはホモダイマーからなるために，各サルコメアにつき骨格筋ミオシン自体は 300 個ある）．一方，SF 内の非筋サルコメアにおける AF の長さはばらついており[11]，一つのサルコメアにつき約 10 個から 20 個と，定まらない数のミオシン頭部が存在している．このように，SF は高度な組織化はされておらず，構造的ばらつきが存在する．これは，筋肉が収縮に特化した構造を有しているのに対して，SF は，時々刻々形態が変化する非筋細胞において，細胞接着の位置も時間とともに変動し，それに合わせて SF の位置や状態も変わるために，特定の構造をとるにいたらないため（および，特定の組織化された状態をとらないほうが，柔軟な動きを示すには有利であるため）と考えられる．

以上で述べた非筋サルコメアは SF の長軸方向に沿った構造であるが，1 本の SF の横方向，すなわち断面内で束化される AF の本数も，細胞の種類や状態に依存して大きく変動する．その数は，つぎに見積もるとおり，数十から数百本程度であると考えられる．線維芽細胞に関する電子顕微鏡観察[10, 12]によると，SF を含む薄切（厚さ 40 nm）内において，平行に伸びる AF の本数は 10 から 30 本程度である．同研究で測定されたストレスファイバー自身の太さの平均値は 360 nm であり，これは同じ厚さの薄切 9（= 360/40）枚分に相当する．したがって，1 本の SF につき，90（= 各薄切における本数 10 × 薄切 9 枚分）本から 270（= 各薄切における本数 30 × 薄切 9

枚分）本の AF が平行に束ねられていることになる．これは，ラット胎性線維芽細胞における焦点接着斑上の（SF と結合する部分の）AF の本数を調べた結果（およそ 400 本）[13]と同程度といえる．

なお，間接的な測定ではあるが，1 本の SF が支える収縮力は 1 nN 程度であると報告されている[14]．もし，SF 内で並列に束化された AF が SF 1 本にかかる 1 nN の力を支えているとすると，個々の AF には 0.01(= 1 nN/90 本) nN = 10 pN から 0.004(= 1 nN/270 本) nN = 4 pN，もしくは 0.0025(= 1 nN/400 本) nN = 2.5 pN の力が作用していることになる．これが，個々のアクチン・ミオシン結合で支える力と等しいとすると，ミオシン頭部には 1～10 pN の力が作用していると見積もられる．これは，ちょうど in vitro で計測される単一ミオシンが発生する力とオーダーが等しい．

4.4.2 ◆ 非筋 II 型ミオシンによるストレスファイバーの形成と維持

4.3.1 項では，アクチン結合時のミオシンの ATP 加水分解能について述べた．実は，平滑筋ミオシンと非筋 II 型ミオシンのいずれも，ATP 加水分解の反応速度がミオシン自身に負荷される力に依存していることが示されている[15, 16]（図 4.6）．とくに，ADP の放出過程，すなわちミオシンがアクチンから離れるための律速となる反応が，力学的因子に依存している．

具体的には，ミオシン頭部に後ろ向き（アクチンの矢尻端方向）の負荷（抵抗負荷）が作用しているときに比べて，前向き（アクチンの反矢尻端方向）に負荷（前進負荷）が作用しているときのほうが，ADP の放出速度が最大で 10 倍程度に速くなる（この数値はミオシンのアイソフォームに依存するため，詳しくは論文［15，16］を参照のこと）．これらの知見は，活性型の MRLC を含む精製ミオシンを用いた in vitro 計測に基づいて得られたものである．一方，細胞内における同様なミオシンの力依存的ふるまいを直接調べることはまだなされていないが，MRLC の変異体を用いた研究により，間接的には確かめられている．たとえば，MRLC の 18 番目のスレオニンと 19 番目のセリン（4.3.2 項参照）にそれぞれ点変異を入れて，擬似リン酸化状態もしくはリン酸化阻害状態をつくり，光褪色後蛍光回復法（fluorescence recovery after photobleaching: FRAP）という実験を行うと，MRLC がリン酸化されていない状態，すなわちアクチンと相互作用しづらい状態ほど，MRLC が SF から外れやすくなることが観察される[17]．ここで，MRLC はミオシンと結合定数が高く，ミオシンと行動をともにしていると考えられている．したがってこの結果は，MRLC のリン酸化レベルが低くてあまり張力を支えていないミオシンほど，AF から離脱しやすいと解釈できる．

もし，SF が持続的に収縮力を支えている状態であれば，その内部のミオシンには，抵抗負荷が作用していると考えるのが自然である（図 4.5，4.6）．その場合，前段落で述べた性質のために，ミオシンによる ATP 加水分解サイクルの ADP 放出過程の進行速度が低下して，SF 内のミオシンは，アクチンと結合したまま張力を支え続けると考えられる．そのため，ミオシンは一度活性化されて，いったん SF 内で張力を支えると，AF との架橋を安定して形成し続けるであろう．

実際に，ミオシンは，SF の構造を維持する主たる架橋タンパク質である．たとえば，ミオシンによる ATP 加水分解サイクルにおける無機リン酸の放出を特異的に妨げる薬剤（blebbistatin）を細胞に与えると，ミオシンとアクチンは離れたままの状態となり，AF は脱束化されて，速やかに SF が消失する．同様に，Rho-kinase の阻害剤（Y27632）を用いて MRLC の細胞内リン酸化レベルを下げると，同じく SF は消失して，かわりにメッシュワーク状のアクチン形態がただちに細胞質に満たされる．

以上のことから，SF は細胞内において等尺性収縮状態（SF の両端の細胞・基質間接着の位置を維持したまま，すなわち全長の長さを維持したまま，内部のミオシンが持続的に収縮力を発生・支持する状態）にあるが，この常時存在する張力こそが SF の構造を維持するうえで必須なものとわかる．つまり，等尺性収縮を達成する分子メカニズムの根幹として，骨格筋ミオシンでは，ミオシン頭部がサルコメア内に多数あること（4.4.1 項参照），一方，非筋 II 型ミオシンと平滑筋ミオシンでは，張力維持によって起こる ADP 放出の遅延がそれぞれ関与していると考えられる．すなわち，SF は単なる束化された静的な AF ではなく，常に収縮を続けている物体であり，収縮をやめれば，ミオシンがアクチンから離れるために，主たるアクチン架橋タンパク質（＝ミオシン）を失った AF は脱束化されてしまう．

4.4.3 ◆ 細胞収縮と張力の等価性

前項のとおり，非運動性細胞の収縮力は，SF が存在するための必要条件である．そのため，ミオシンによる収縮力は SF の構造の維持だけでなく，そもそも SF の重合形成にも必須であるといって，通常は差し支えない．

しかし，前項の説明のとおり，アクチンとの架橋を保つのに必要な要素は，「（ミオシン自身が発生する）収縮力」というよりも，物理的により厳密には「（ミオシンとアクチンの複合体に作用する）張力」である．つまり，張力の発生源が，ミオシン自身の能動的な運動によるものでなくても，外部から受動的にでも張力をミオシンとアクチンの複合体に与えさえすれば，力学的には同様の状態が得られると予想される．

実際に，in vitro（細胞膜を除去した後に，細胞抽出液で満たした semi-intact 細胞）において，ガラスニードルを操作して外部から細胞の一部を引っ張ると，張力の加えられた方向に，アクチンの束化構造が現れることが確認されている[18]．また，細胞全体をゆっくり一方向に引っ張っても，同じ方向にSFが形成されることがよく知られている．さらに，RhoAを阻害した状態，すなわちミオシンの活性化を抑制した状態でさえも，細胞に繰り返し伸展刺激を与えると，やはりその伸展方向にアクチンの束化構造が現れる[19]．

また，細胞・基質間接着の制御（4.5節で述べるとおり，やはりミオシンに依存して細胞・基質間接着が成長・維持される）に目を向けても，ミオシン収縮力は，外部からの人為的張力によって代替できると報告されている[4]†．

ここで述べた張力負荷により発生するアクチンの束は，厳密には（4.4.1項で定義した）SFとは構成分子の組成が異なるかもしれない．しかし，これらの結果は，アクチンとミオシンの架橋の維持に焦点をしぼると，内在的な細胞収縮（ミオシン収縮力）と，外部から人為的に与えた張力とは，等価な役割を果たすことを示唆している．

4.4.4◆RhoAによるストレスファイバーの制御

4.4.2項では，収縮力の発生源であるMRLCのリン酸化，すなわちミオシン収縮力の観点から，SFの形成と維持について述べた．実は，厳密にはミオシン収縮（および，前項で述べた外部から負荷される張力）だけでは，SFの維持の十分条件とはいえない．4.3.2項でミオシンの制御について述べたとおり，Ca^{2+}に依存しない持続的なMRLCのリン酸化には，RhoAの存在が必要である．この活性型のRhoAは，MRLCの調節だけでなく，別の複数の経路を協調的にはたらかせて多角的にSFを維持しようとする．これらの協調的な作用がなければ，仮にMRLCがリン酸化されていても，細胞の中央部から放射状に広がる形態のアクチン束がつくられるものの[21]，細胞の長軸方向に並ぶSFの典型的な形態は現れない．

まず，活性型RhoAは，SFの形成にやはり必須の役割を果たすmDia1を活性化する（図4.7）．mDia1は，細胞・基質間接着部において，SFを形成するAFにアクチン単量体の供給を促す．mDia1の発現抑制はSFの形成を阻害することから，SFはあらかじめ線維を形成したAFを寄せ集めるだけでなく，そのAFのもととなるアクチン単量体そのものも，常時供給される必要があることがわかる．つまり，等尺性収縮を行うSF内で，AFは張力を維持しつつも，重合と脱重合が同時に起こっている．そして，その重合の調節にmDia1が関与している．ただし，SFにおけるアクチン単量体のターンオーバー（入れ替わり）速度は，MRLC（および，MRLCと行動をともにするミオシン）のそれよりも遅い[9]．

† ただし，4.5.3項で述べるとおり，これを実証したRivelineらの実験結果の解釈の再考を迫る報告もなされている[20]．

また，RhoA によって活性化された Rho-kinase は，LIM-kinase を活性化し，活性型 LIM-kinase はコフィリンをリン酸化する．アクチン脱重合因子であるコフィリンは，リン酸化されることにより不活性化される．細胞内でコフィリンの発現抑制や，活性型 LIM-kinase の恒常的発現を行うと，コフィリンの不活性化にともないアクチンのターンオーバー速度は極端に遅くなるために，アクチンの糸状仮足や葉状仮足を維持することができず，細胞は身動きがとれなくなる．つまり，生理的な状態における LIM-kinase の作用は，適切なアクチンのターンオーバーを可能にするために，細胞の局所でのみ起こるものと考えられる．ただし，SF は活性型 LIM-kinase の過剰発現によって安定化されるために，生理的な状態では，RhoA による支配のもと，Rho-kinase と LIM-kinase を介して，コフィリンのはたらきを適度に抑えて，SF の維持に寄与しているものと考えられる．

4.4.5 ◆ その他の分子によるストレスファイバーの制御

SF の制御には，MRLC のリン酸化だけでなく，多くのタンパク質が関わっている．本項ではその一例として，非筋型 α–アクチニン（nonmuscle α-actinin）[22]とトロポミオシン（tropomyosin）[23]の関与について述べる．アクチン架橋タンパク質の非筋型 α–アクチニンは，SF の長手方向に沿って準周期的に現れて，各非筋サルコメアを区切る（筋肉サルコメアの Z 盤と同じ）役割を担っている．しかし，この非筋型 α–アクチニンがあっても，多くのミオシンがアクチンから解離すれば，SF のアクチン束構造は維持できない．たとえば，4.4.2 項で述べたとおり，化合物 blebbistatin によるミオシンとアクチンの特異的阻害によって，SF は速やかに脱束化される．光褪色後蛍光回復法実験（FRAP）によると，非筋型 α–アクチニンが SF から離れる速さは MRLC の 3 倍以上速いことからも，その架橋が強固でないことがわかる[9]．

なお，非筋型 α–アクチニンとアクチンの結合は，Ca^{2+}に依存している．したがって，結合力の観点から考えた非筋型 α–アクチニンの役割は，ミオシンによる主たる架橋を補助し，細胞に刺激が加わって，Ca^{2+}が細胞内に流入したときに，アクチンから外れて SF の再構築を起こしやすくするものと考えられる．ただし，筋肉サルコメアの Z 盤と同じく，非筋サルコメアにおいても非筋型 α–アクチニンが存在する領域において AF が極性を変えるために，SF は筋肉と同様に，等尺性収縮を起こすことができる．

また，個々の AF がミオシンによってたぐり寄せられて束化するのに先立ち，トロポミオシンが AF に沿って結合して，AF を安定化させて SF を形成しやすくする[24]．もともと，トロポミオシンは筋肉細胞（骨格筋・心筋）において AF に沿って発現し，筋肉の弛緩時にミオシンとの結合を阻害する役割を担っていることが東京大学の江橋節郎の研究によって発見されている．この筋肉トロポミオシンによるアクチン・ミオシン相互作用の阻害は，トロポミオシンに沿って周期的に存在するトロポニン（troponin）に Ca^{2+} が結合すると解除される．このように，筋肉の緊張と弛緩が Ca^{2+} によって制御されている．

一方，非筋細胞の SF にも非筋型トロポミオシンが発現することが古くから知られていたが[23]，そのはたらきは筋肉のそれとは異なり，むしろミオシンとの相互作用を促進する役割を有するといわれている．筋肉におけるトロポニンのかわりに，非筋細胞ではカルデスモン（caldesmon）が，また平滑筋細胞ではカルデスモンおよびカルポニン（calponin）が発現し，ミオシンによる ATP 加水分解を阻害している．この阻害は，Ca^{2+} 存在下でカルモジュリンによって解除されるために，平滑筋細胞や非筋細胞の Ca^{2+} 依存的な収縮力発生を可能にする．ただし，平滑筋細胞や非筋細胞では，Ca^{2+} 非依存的な条件においても，Rho-kinase（4.3.2 項）を介して，ミオシンによる ATP 加水分解が行われる．このとき，カルデスモンやカルポニンによるアクチン・ミオシン相互作用の阻害がどのように解除されているかは不明のままである．あるいは，これは 4.3.2 項で述べたように，Rho-kinase に基づく持続的な収縮力を担う SF と，Ca^{2+} 存在下での MLCK に基づく一過性の収縮力を担う SF とがそれぞれ別にあり，両者を区別すべきかもしれない．

4.4.6 ◆ ストレスファイバーの機能

大動脈において，流れの速い血流によるせん断応力を受ける血管内皮細胞では，顕著な SF が発達する[25]．そのため，SF の役割とは，血流によって細胞がはがれないように，その強度を上げる役割をもつことであると古くから考えられていた．分子細胞生物学的な研究が進むにつれ，確かに SF は細胞接着の維持に重要な役割を果たしていることが明らかとなってきた．たとえば，繰返し伸展刺激を受ける細胞（4.4.3 項）では，まず伸展方向の SF が消失して，それに続いて細胞・基質間接着が消失する．かわりに，伸展刺激の影響を受けづらい垂直方向に SF が再構築され，同時に同じ方向に細胞・基質間接着を発達させて，細胞接着を維持しやすくする．

とくに，成熟した細胞接着の維持には，SF による張力の存在が重要である（より詳しくは 4.5 節で述べる）．また，接着が強固であれば，力学の作用・反作用の法則に基づき，SF はより大きな張力を発生することができる（図 4.1）．すなわち，成熟した細胞接着と SF には，たがいを高めあう関係が存在すると考えられる[26]．

さらに，接着を強固にするだけでなく，SF による強い収縮は，細胞外マトリックスの重合を促す．この重合は，SF の収縮方向に沿って起こることから，SF の収縮力が細胞・基質間接着を介して細胞外マトリックスに物理的に伝わり，細胞外マトリックスの線維が引き伸ばされることに起因して，重合が促進されると考えられている[27]．細胞外マトリックスが発達すれば，組織の力学的強度は増す．したがって，このようなSFによる細胞外マトリックスの引き込みと重合は，創傷治癒（wound healing）を達成するために利用される[28]．つまり，傷を治す過程では，傷口に隣接する線維芽細胞内で（4.5.1項で述べる）Rac1依存的なアクチン仮足の促進が起こり，傷害領域に細胞が侵入し，最終的に，SFの収縮を利用して，細胞外マトリックスを産生・発達させる．

4.5 細胞接着の機能と制御

4.5.1 ◆ 収縮性に依存しない細胞接着複合体形成

細胞・基質間接着（以降，細胞接着と記す）は，細胞を細胞外マトリックスにつなぎ止めて，細胞をはがれにくくするという機械的な役割だけを担っているわけではない．4.1節で細胞接着の意義を述べたとおり，細胞接着は，細胞の増殖，分化，アポトーシスや免疫応答促進・抑制の調節など，細胞の運命を左右する幅広い機能のシグナル伝達に関与する．このシグナル伝達は，細胞接着を出入りする150種類以上[3]にのぼる構成タンパク質の組成変化や，（おもに）チロシンリン酸化によって進められる．さらに特徴的なこととして，このシグナル伝達の調節には，4.3節および4.4節で述べた非筋II型ミオシン依存の細胞収縮性が深く関わっている．ただし，サイズの小さい細胞接着である焦点複合体（FC）（4.2節の細胞接着の分類を参照，しばしば，nascent adhesionsと形容される）は例外であり，収縮性とは無関係に形成される．本項で述べるこれらの知見は，おもに，（ビンキュリン，タリン，パキシリン，非筋型α–アクチニンなどの発見者である）現ノースカロライナ大学チャペルヒル校のBurridgeによってもたらされたものである．

FCとは，細胞膜貫通型タンパク質のインテグリンが，細胞外マトリックスと結合した直後の（焦点接着斑（FA）のような線状ではなく）点状の接着複合体である．このように，形成直後の細胞接着は，まだ細胞質側からミオシンによる張力を受けておらず，接着を成長させるべきか，あるいは接着を外して別の場所に新たな接着を形成するべきか決まっていない．このとき，src（細胞接着を構成するチロシンキナーゼの一つ）依存的に，p190RhoGAP（4.3.2項参照）が活性化される[29]．p190RhoGAPはRhoAのGAPであることから，RhoAが不活性化され，そのかわりに，（通常RhoAと相反的な役割を果たす）Rac1とCdc42がともに活性化される．したがって，FCが現れた局所領域ではストレスファイバーの形成が抑制され，そのかわりにアクチン仮足を形成して新たな接着を促進しようとする．

このFCは，しばらく（数十分間程度[29]）時間が経つと，細胞質側からミオシンによる張力を受けるようになり，次項で述べる接着成熟化へと状態が切り替わる．ミオシンによる張力を受けるまでに時間を要する理由は，力を支えるAFとともにネットワーク構造をつくるのに，十分な量のミオシンが凝集しなくてはいけないためである．つまり，インテグリンが細胞外マトリックスに接着して間もないときは，細胞にとっては，まだいわば手探りの状態が続いており，いちいち個々の接着を成熟させて動きを鈍くするよりも，つぎつぎと新たな小接着を形成しては外すことを繰り返し，身軽に動ける状態を保ち続けようとする．ところが，一度（ミオシンの張力を受けるまで，安定的に長時間滞在するのに）適度な接着をつくると，その接着は次項で述べるとおり，ミオシン依存的に強化されていく．

なお，4.2節で断ったとおり，本章はインテグリンを基礎とする細胞・基質間接着のみを対象としているが，カドヘリン（cadherin）を基礎とする細胞間接着においても同様の機構が存在する．つまり，カドヘリンが異なる細胞間でホモ結合した後にもやはりp190RhoGAPが活性化される．その結果，RhoAが不活性化，またRac1とCdc42がそれぞれ活性化される[30]．しかし，時間が経過すると，ミオシンによる力を受けて，細胞間接着はより発達した構造へと成長していく．

4.5.2 ◆ 収縮性に依存した細胞接着の成長

前項のとおり，FCの形成自体はミオシン収縮性（4.3節および4.4節参照）とは無関係に起こるが，一方，FCからFAへの成熟過程は，ミオシン収縮性によって調節される．

細胞外マトリックスと結合したインテグリンがミオシンからの張力を受けるためには，アクチンと結合しなくてはいけない．ただし，インテグリンは直接アクチンと結合せず，タリンを介して結合する．昨今Sheetzらのグループによるin vitro研究[31]から，タリンが張力を受けると，その構造（コンフォメーション）が変化して，ビンキュリンとの結合親和性が現れることが明らかにされている．つまり，細胞内では，まず細胞外マトリックスとAFをつなぐタリンが存在し，ミオシンがAFを引っ張ると，タリンに張力が伝わり，タリン内のビンキュリン結合部位が露わになって，ビンキュリンが結合すると考えられる．ここで，ビンキュリンにもアクチンとの結合部位があるために，AFの結合強化がなされる．このように，細胞接着が強固になれば，力学的にはますます張力を支えやすくなり，さらに張力が増大すれば，それに起因して，上記のとおり，タリン依存的に接着が強化されるという正のフィードバックがはたらく．そして，FAという成熟した細胞接着の定常状態にいたるまで成長していくと考えられる[26]．

上記は，張力という物理量が，結合親和性という別の物理量に情報変換されると解釈することができ，この現象は，メカノトランスダクション（mechanotransduction, 力変換）とよばれる．また，実際に情報変換を担う要素であるタリンは，メカノセンサー（mechanosensor, 力センサー）とよばれる．

また，FA を構成するタンパク質の一つである cas（p130cas）も同様に，Sheetz グループによる研究[32]から，張力の存在下でその構造が変化した（メカノトランスダクションが起こった）結果，src（前項参照）と結合できるようになり，チロシンリン酸化を受けると報告されている．その結果，4.5.1 項の最初に述べた細胞の増殖や分化などを規定する MAP キナーゼの活性化経路を刺激する．すなわち，ここでも張力という入力を，cas がメカノセンサーとして MAP キナーゼの活性化へと情報変換し，細胞の応答を変える．

実際には，細胞接着の形成と成熟は，これらのメカノトランスダクションに加えて，4.2 節で触れた FAK やパキシリンなどのチロシンリン酸化や，4.3.2 項で触れた p190RhoGEF や p190RhoGAP の結合・解離も関係していて複雑であり，全貌は解明されていない[33]．

また，FA よりもさらに長い線維状構造をもつ FB と suFA（4.2 節参照）は，SF を構成するアクチンが，非筋型アイソフォームから α 平滑筋アクチンへと入れ替わったときに起こると考えられている[34]．このように，細胞接着だけでなく，張力を発生する要素である SF も協調的に構造を変えて，成長・成熟していく．

4.5.3 ◆ 細胞接着の物理：クラッチモデル

前節までに述べたとおり，ミオシン収縮性（4.3 節および 4.4 節参照）は，細胞接着の成長において重要な役割を果たしている．ただし，最近の研究から，その厳密な物理現象について再考を迫る結果が提示されている．細胞接着のメカノトランスダクションについて開拓的研究を行ってきた Waterman（4.2 節参照）とかつて密接な共同研究をしていた現シカゴ大学の Gardel らが，細胞接着の成長に張力の大きさは無関係であるという，これまでの認識とは異なる内容を発表しているためである[20, 35]．これを説明するために，まず，細胞接着の物理の基礎であるアクチンレトログレードフロー（actin retrograde flow）とクラッチモデル（clutch model）について理解する必要がある．

アクチン依存的に移動する能力のある細胞には，レトログレードフローとよばれる，細胞辺縁側から中心側へと向かってアクチンフィラメントが絶え間なく流れる動きが普遍的に存在する（図 4.9）．ミオシンのモーター活性を抑えるとこのアクチン流動が停止することから，ミオシンによって駆動される動きであるとわかる．また，アクチンは辺縁側において重合されて線維状になるために，中心側へ流れて，空いた辺縁側の空間に，AF が形成・供給され続ける．

ここで，アクチンとインテグリンの間のタリンを介した結合が増えると，ミオシンによるアクチン流動は，細胞接着部に拘束されて流れにくくなり，その拘束点であるインテグリンを介して，細胞外マトリックスを細胞中心側へ引っ張ろうとする力が伝えられる[36]．この細胞辺縁部での求心性流動による力は，トラクションフォース（traction force）とよばれ，前項で述べた細胞接着を成長させる張力に直接関与すると考えられていた．またこのとき，細胞接着上のアクチン流動はゆっくり留められており，かつ反矢尻端は外側を向くように配置されるために，アクチンがさらなる重合を起こすと，細胞辺縁側へと伸びる（図 4.9）．これが，アクチン仮足として，細胞が伸長・前進運動できる理由である．これはとくに，神経細胞の成長円錐を対象とした研究で詳しく調べられている．

アクチン流動が細胞接着で拘束されていればトラクションフォースが作用して細胞外基質が引っ張られ，逆に拘束されていなければ空回りしてそのまま細胞質内で流れるためにトラクションフォースが消失するという考えは，ちょうど自動車のクラッチ

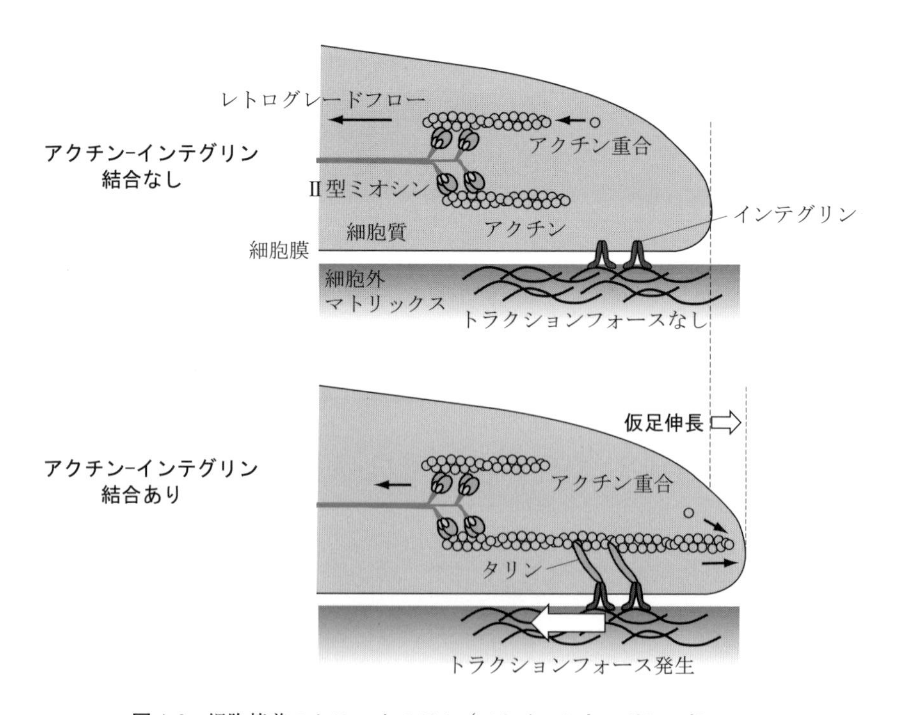

図 4.9　細胞接着のクラッチモデル（アクチンレトログレードフロー，トラクションフォース，アクチン仮足伸長の関係）

(エンジンの動力をタイヤ回転軸へと伝達・遮断する機械要素) のはたらきに似ていることから，細胞接着のクラッチモデルとよばれ，細胞接着や細胞伸長を説明するための標準的な力学モデルとなっている．このモデルから予想されるとおり，実際に，レトログレードフローの速さとトラクションフォースの大きさは，細胞伸長時には反比例していることが，Waterman と Gardel らの研究[37]により報告されている．

そのGardelが，細胞接着に作用するトラクションフォースとアクチンレトログレードフローの精緻な計測に基づき，これまでコンセンサスが得られつつあった (4.5.2項までに説明した) 考えとは異なる細胞接着の挙動を最近報告している[20, 35]．これまでの過去10年近くは，4.4.3項で述べた「細胞収縮と張力の等価性」† [4]が受け入れられつつあった．つまり，細胞接着にミオシン収縮力もしくは張力が作用し，その結果，メカノトランスダクションが起こると考えられていた．しかし，Gardelらは，4.5.2項で述べたとおり，確かにFCからFAへの成長にとって張力は不可欠であるものの，ある小さい張力の閾値 (およそ1 nN[2]) さえ超えてしまえば，張力の大きさ自身は，その後の細胞接着のサイズや成長速度に無関係であると主張した (図4.10)．そのかわり，ミオシンのモーター活性に基づくアクチンレトログレードフローの速度のおよそ半分の速さで細胞接着が成長するという，密接な相関を示した．つまり，細胞接着を成長させるのは，張力の大きさそのものよりも，ミオシンによってつくられるアクチンの求心性流動の速度であることを示唆した．したがって，Gardelは，GeigerとBershadskyグループによる2001年のRivelineらの研究[4] (力の負荷によって，細胞接着が成長することを主張) は，実は細胞接着に張力が作用した結果ではなく，細胞接着に結合するアクチン側のリモデリングに起因して生じた結果に過ぎないのではないか，という可能性を指摘した．つまり，Rivelineらの結果は，細胞接着のメカノトランスダクションではなく，SFのメカノトランスダクションが原因であるかもしれないと考えた．

Gardelらの結果は，FCからFAへの細胞接着の成長を促すのは，張力ではなく，(1 nNという最低限の張力の閾値以上では) レトログレードフローの速さ，つまり，細胞接着と細胞質の部分に相対的な変形があるかが重要であることを示唆している．通常の弾性体であれば，力と変形は一対一の関係があり，前文の区別は意味をなさない．しかし，速いターンオーバー (数分間という短い時定数) が起こっている細胞接着タンパク質の場合，変形を受けても，それは新たな分子の挿入をもって，そのひずみ (および力) は緩和される．これは，4.5.2項で述べた細胞接着のメカノトランスダクションが関与していないことを意味しており，ミオシン収縮性による細胞接着の

† Burridgeとは独立にビンキュリンを発見したイスラエルのワイツマン科学研究所のGeigerや，Bershadskyらが主導して一連の報告を行った．

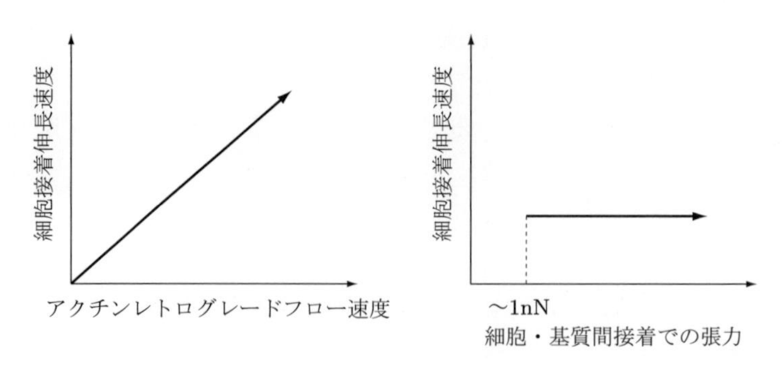

図 4.10　細胞接着の成長速度に及ぼすアクチンレトログレードフローの速度，および細胞・基質間接着における張力（トラクションフォース）の影響

調節メカニズムの理解を左右するものである．これは，前段落の Riveline らの論文に限らず，4.4.3 項の「細胞収縮と張力の等価性」の由来を細胞接着の性質に帰着させた過去の解釈について再考を迫るものであり（一方，その由来をアクチン・ミオシン構造物の性質に帰着させること[18, 19]も同様に，力と速度の関係に基づき再考の必要がある），今後のさらなる研究が必要であろう．

4.5.4 ◆ 細胞外基質の硬さ感知

現カーネギーメロン大学の Yu-li Wang らは，1990 年代の後半に，細胞が発生する張力を計測する手法の開発に取り組んでいた（彼らの手法は，トラクションフォースマイクロスコピーとよばれ，前項までの Waterman や Gardel らの研究において，張力を測定する技術の基礎となっている）．力を検出するには，弾性定数が既知の（あるいは測定可能な）柔らかい細胞培養基板が必要である．そのとき，Wang らは，柔らかい基板上で細胞培養を行った際に，細胞接着が FC から FA へと成長できないことに気がついた[38]（図 4.11）．そのほかにも，基板の硬さに空間的な勾配があるとき，細胞は柔らかい基板から硬い基板へと能動的に移動するという挙動を見つけ，この現象を durotaxis と名づけた†．

このような基板の硬さは，細胞外マトリックスの硬さと言い換えられて議論されることが多い．このように，同一の化学成分を有する培地内でも，細胞は，細胞外マトリックスの硬さという力学的因子の違いだけを読みとって応答を変えることがわかった．この現象を幹細胞科学と結びつけ，その結果，メカノバイオロジーの研究者数の大幅な拡大（被論文引用数から判断）を導いたのが，ペンシルバニア大学の Discher と Engler のグループによる研究成果である．彼らは，間葉系幹細胞を異なる硬さを

† duro はラテン語で「硬さ」を表し，taxis はギリシャ語に由来して，生物学では「走性」を表す．

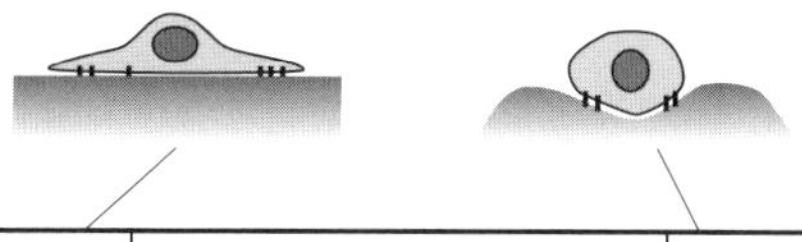

硬	マトリックス硬さ	柔
大	接着面積	小
大	細胞・基質間の収縮力	小
Off	Hippoシグナル経路	On
On	YAP/TAZ	Off
大	増殖能	小

図 4.11 力学的因子とシグナル伝達・細胞応答の相関関係

有する細胞外マトリックス上に培養することによって，脳，筋肉，あるいは骨の組織の細胞へと，選択的に分化誘導できることを見出し，Cell 誌に発表した[39]（図 4.11）．幹細胞科学は，再生医療と結びつきうるために応用の観点からも注目を集めやすく，この成果は多くの医学者や発生生物学者を引きつけ，イタリアのパドヴァ大学のPiccolo など，有力者の当領域への参入をおおいに促した[40]．この Engler らの論文は，トムソン・ロイター社による代表的な文献データベースである Web of Science 掲載論文では，2015 年 4 月までに，3500 件を超える被引用回数がある†．日本でも，科学研究費補助金・新学術領域などで，とくに，発生生物学者が「力」の関与を考慮した研究（つまり，メカノバイオロジー）に着手する現在の流れにつながったと評価できる．

実際には，Engler らの研究には先行研究と位置づけるべきものがあり，それは Chen（現ボストン大学，およびハーバード大学 Wyss 研究所）らによってもたらされた．90 年代後半の当時，ハーバード大学の Ingber（現 Wyss 研究所所長，ハーバード大学の歴史のなかでも，最大規模の寄附金に基づいて設立された生体医工学研究所）グループの研究員であった Chen は，著名な化学者であるハーバード大学の Whitesides の技術マイクロパターニング法を細胞工学へ導入することに取り組んでいた．そこで，細胞の接着面積（細胞のサイズ）を人為的に小さくしたときには血管内皮細胞はアポトーシスを起こし，接着面積が大きいときは増殖能を維持し続けるこ

† Discher 自身によると，トップジャーナルである Cell 誌に掲載された実験論文のなかでも，過去 10 年間で第 3 位の被引用回数である．その分子メカニズムを明らかにすることなく，力学的因子の調節によって人為的に分化誘導が可能であるという現象論だけで，ここまでの注目を集めたのは異例といえる．

とを見出した[41](図4.11). これも，化学環境が不変でありながら，細胞のサイズという力学的因子だけに依存して，細胞の運命が選択的に調節されることを示したものである.

さらに，Chenは続いて血管内皮細胞ではなく，間葉系幹細胞に対して同様のことを調べたところ，驚くべきことに，細胞の接着面積を人為的に小さくしたときは脂肪細胞へ，また接着面積が大きいときは骨芽細胞へ，それぞれ分化誘導されることを見出した[42]. このように，2004年の時点ですでにChenらによって細胞形態という力学的因子の調節に基づく人為的な間葉系幹細胞の運命制御が報告されていた. 2006年のEnglerらの論文は，その概念を（マイクロパターニング法という特別な技術を使わずとも）誰にでも簡便に調節ができる，シンプルな力学的因子（細胞外マトリックスの硬さ）との関連にまで拡張したことが，上記のとおり，メカノバイオロジー研究の裾野を大きく広げることにつながったと思われる.

4.6 おわりに

Englerらの論文[39]で議論されているように，細胞のサイズを大きく（小さく）したり，細胞外マトリックスを硬く（柔らかく）したりすることは，細胞が発生できる収縮力を高めて（弱めて）いることと同じ効果がある（図4.11). たとえば，柔らかい細胞外基質では，ミオシン収縮力に対する基質からの反作用の力が，「のれんに腕押し」のごとく，弱まるためである（図4.1). したがって，細胞のサイズや細胞外基質の硬さの違いは，細胞収縮性の違いに置き換えて，細胞接着において感知され，力学環境に適した細胞応答（4.1節で，生きるか，死ぬか，生まれ変わるかなどと述べた諸挙動のうち，どれを選択するか）をとることができるように，シグナル伝達を調節すると考えられる.

本章を通して細胞収縮性に依存した細胞接着のシグナル伝達を説明してきたが，その詳細は，4.5.2項で述べたように，まだ完全には解明されていない. また，細胞接着においてメカノトランスダクションを起こす分子実体であるメカノセンサーだけでなく，その下流のMAPキナーゼシグナル伝達経路や，転写因子（4.2節参照. Piccoloらと現 大阪大学のSasakiらが，それぞれ独立に，収縮性の大きさを区別する転写因子としてHippoシグナル伝達経路を構成するYAP/TAZを特定している[40, 43]）の研究もまだ途上である. さらに，本章では割愛した細胞間接着のメカノバイオロジーも含め，細胞による力学環境の感知と応答のメカニズムの全貌解明には，今後のさらなる研究が必要である.

参考文献

[1] Chrzanowska-Wodnicka M. and Burridge, K. Rho-stimulated contractility drives the formation of stress fibers and focal adhesions, J. Cell Biol. 133, 1403-1415, 1996.

[2] Aratyn-Schaus, Y. Gardel, M. L. Transient frictional slip between integrin and the ECM in focal adhesions under myosin II tension, Curr. Biol. 20, 1145-1153, 2010.

[3] Kuo, J. C. Han, X. Hsiao, C. T. Yates, J. R. 3rd. Waterman, C. M. Analysis of the myosin-II-responsive focal adhesion proteome reveals a role for β-Pix in negative regulation of focal adhesion maturation, Nat. Cell Biol. 13, 383-393, 2011.

[4] Riveline, D. Zamir, E. Balaban, N. Q. Schwarz, U. S. Ishizaki, T. Narumiya, S. Kam, Z. Geiger, B. Bershadsky, A. D. Focal contacts as mechanosensors: externally applied local mechanical force induces growth of focal contacts by an mDia1-dependent and ROCK-independent mechanism, J. Cell Biol. 153, 1175-1186, 2001.

[5] Kanchanawong, P. Shtengel, G. Pasapera, A. M. Ramko, E. B. Davidson, M. W. Hess, H. F. Waterman, C. M. Nanoscale architecture of integrin-based cell adhesions, Nature 468, 580-584, 2010.

[6] Hu, K. Ji, L. Applegate, K. T. Danuser, G. Waterman-Storer, C. M. Differential transmission of actin motion within focal adhesions, Science 315, 111-115, 2007.

[7] Vicente-Manzanares, M. Ma, X. Adelstein, R. S. Horwitz, A. R. Non-muscle myosin II takes centre stage in cell adhesion and migration, Nat. Rev. Mol. Cell Biol. 10, 778-790, 2009.

[8] Komatsu, S. Ikebe, M. The phosphorylation of myosin II at the Ser1 and Ser2 is critical for normal platelet-derived growth factor induced reorganization of myosin filaments, Mol. Biol. Cell 18, 5081-5090, 2007.

[9] Hotulainen, P. Lappalainen, P. Stress fibers are generated by two distinct actin assembly mechanisms in motile cells, J. Cell Biol. 173, 383-394, 2006.

[10] Cramer, L. P. Siebert, M. Mitchison, T. J. Identification of novel graded polarity actin filament bundles in locomoting heart fibroblasts: implications for the generation of motile force, J. Cell Biol. 136, 1287-1305, 1997.

[11] Matsui, T. S. Kaunas, R. Kanzaki, M. Sato, M. Deguchi, S. Non-muscle myosin II induces disassembly of actin stress fibres independently of myosin light chain dephosphorylation, Interface Focus 1, 754-766, 2011.

[12] Mseka, T. Coughlin, M. Cramer, L. P. Graded actin filament polarity is the organization of oriented actomyosin II filament bundles required for fibroblast polarization, Cell. Motil. Cytoskeleton 66, 743-753, 2009.

[13] Patla, I. Volberg, T. Elad, N. Hirschfeld-Warneken, V. Grashoff, C. Fässler, R. Spatz, J. P. Geiger, B. Medalia, O. Dissecting the molecular architecture of integrin adhesion sites by cryo-electron tomography, Nat. Cell Biol. 12, 909-915, 2010.

[14] Tan, J. L. Tien, J. Pirone, D. M. Gray, D. S. Bhadriraju, K. Chen, C. S. Cells lying on a bed of microneedles: an approach to isolate mechanical force, Proc. Natl. Acad. Sci. USA 100, 1484-1489, 2003.

[15] Veigel, C. Molloy, J. E. Schmitz, S. Kendrick-Jones, J. Load-dependent kinetics of force production by smooth muscle myosin measured with optical tweezers, Nat. Cell Biol. 5, 980-986, 2003.

[16] Kovács, M. Thirumurugan, K. Knight, P. J. Sellers, J. R. Load-dependent mechanism of nonmuscle myosin 2, Proc. Natl. Acad. Sci. USA. 104, 9994-9999, 2007.

[17] Watanabe, T. Hosoya, H. Yonemura, S. Regulation of myosin II dynamics by phosphorylation and dephosphorylation of its light chain in epithelial cells, Mol. Biol. Cell 18, 605-616, 2007.

[18] Hirata, H. Tatsumi, H. Sokabe, M. Dynamics of actin filaments during tension-dependent formation of actin bundles, Biochim. Biophys. Acta. 1770, 1115-1127, 2007.

[19] Kaunas, R. Nguyen, P. Usami, S. Chien, S. Cooperative effects of Rho and mechanical stretch on stress fiber organization, Proc. Natl. Acad. Sci. USA. 102, 15895-15900, 2005.

[20] Stricker, J. Beckham, Y. Davidson, M. W. Gardel, M. L. Myosin II-Mediated Focal Adhesion Maturation Is Tension Insensitive, PLoS ONE 8, e70652, 2013.

[21] Leung, T. Chen, X. Manser, E. Lim, L. The p160 RhoA-binding kinase ROKα is a member of a kinase family and is involved in the reorganization of the cytoskeleton, Mol. Cell. Biol. 16, 5313-5327, 1996.
[22] Lazarides, E. Burridge, K. Alpha-actinin: immunofluorescent localization of a muscle structural protein in nonmuscle cells, Cell 6, 289-298, 1975.
[23] Lazarides, E. Tropomyosin antibody: the specific localization of tropomyosin in nonmuscle cells, J. Cell Biol. 65, 549-561, 1975.
[24] Tojkander, S. Gateva, G. Schevzov, G. Hotulainen, P. Naumanen, P. Martin, C. Gunning, P. W. Lappalainen, P. A molecular pathway for myosin II recruitment to stress fibers, Curr. Biol. 21, 539-550, 2011.
[25] Byers, H. R. Fujiwara, K. Stress fibers in cells in situ: immunofluorescence visualization with antiactin, antimyosin, and anti-alpha-actinin, J. Cell Biol. 93, 804-811, 1982.
[26] Deguchi, S. Matsui, T. S. Iio, K. The position and size of individual focal adhesions are determined by intracellular stress-dependent positive regulation, Cytoskeleton 68, 639-651, 2011.
[27] Zhong, C. Chrzanowska-Wodnicka, M. Brown, J. Shaub, A. Belkin, A. M. Burridge, K. Rho-mediated contractility exposes a cryptic site in fibronectin and induces fibronectin matrix assembly, J. Cell Biol. 141, 539-551, 1998.
[28] Pellegrin, S. Mellor, H. Actin stress fibres, J. Cell Sci. 120, 3491-3499, 2007.
[29] Arthur, W. T. Petch, L. A. Burridge, K. Integrin engagement suppresses RhoA activity via a c-Src-dependent mechanism, Curr. Biol. 10, 719-722, 2000.
[30] Noren, N. K. Arthur, W. T. Burridge, K. Cadherin engagement inhibits RhoA via p190RhoGAP, J. Biol Chem. 278, 13615-13618, 2003.
[31] del Rio, A. Perez-Jimenez, R. Liu, R. Roca-Cusachs, P. Fernandez, J. M. Sheetz, M. P. Stretching single talin rod molecules activates vinculin binding, Science 323, 638-641, 2009.
[32] Sawada, Y. Tamada, M. Dubin-Thaler, B. J. Cherniavskaya, O. Sakai, R. Tanaka, S. Sheetz, M. P. Force Sensing by Mechanical Extension of the Src Family Kinase Substrate p130Cas, Cell 127, 1015-1026, 2006.
[33] Saito, A. C. Matsui, T. S. Ohishi, T. Sato, M. Deguchi, S. Contact guidance of smooth muscle cells is associated with tension-mediated adhesion maturation, Exp. Cell Res. 327, 1-11, 2014.
[34] Goffin, J. M. Pittet, P. Csucs, G. Lussi, J. W. Meister, J.-J. Hinz, B. Focal adhesion size controls tension-dependent recruitment of α-smooth muscle actin to stress fibers, J. Cell Biol. 172, 259-268, 2006.
[35] Oakes, P. W. Beckham, Y. Stricker, J. Gardel, M. L. Tension is required but not sufficient for focal adhesion maturation without a stress fiber template, J. Cell Biol. 196, 363-374, 2012.
[36] Jiang, G. Giannone, G. Critchley, D. Fukumoto, E. Sheetz, M. Two-piconewton slip bond between fibronectin and the cytoskeleton depends on talin, Nature 424, 334-337, 2003.
[37] Gardel, M. L. Sabass, B. Ji, L. Danuser, G. Schwarz, U. S. Waterman, C. M. Traction stress in focal adhesions correlates biphasically with actin retrograde flow speed, J. Cell Biol. 183, 999-1005, 2008.
[38] Pelham Jr, R. J. Wang, Y. Cell locomotion and focal adhesions are regulated by substrate flexibility, Proc. Nat. Acad. Sci. 94, 13661-13665, 1997.
[39] Engler, A. J. Sen, S. Sweeney, H. L. Discher, D. E. Matrix elasticity directs stem cell lineage specification, Cell 126, 677-689, 2006.
[40] Dupont, S. Morsut, L. Aragona, M. Enzo, E. Giulitti, S. Cordenonsi, M. Zanconato, F. Digabel, J. L. Forcato, M. Bicciato, S. Elvassore, N. Piccolo, S. Role of YAP/TAZ in mechanotransduction, Nature 474, 179-183, 2011.
[41] Chen, C. S. Mrksich, M. Huang, S. Whitesides, G. M. Ingber, D. E. Geometric control of cell life and death, Science 276, 1425-1428, 1997.
[42] McBeath, R. Pirone, D. M. Nelson, C. M. Bhadriraju, K. Chen, C. S. Cell Shape, cytoskeletal tension, and RhoA regulate stem cell lineage commitment, Developmental Cell 6, 483-495, 2004.
[43] Wada, K. Itoga, K. Okano, T. Yonemura, S. Sasaki, H. Hippo pathway regulation by cell morphology and stress fibers, Development 138, 3907-3914, 2011.
[44] Goffin, J. M. Pittet, P. Csucs, G. Lussi, J. W. Meister, J-J. Hinz, B. Focal adhesion size controls tension-dependent recruitment of α-smooth muscle actin to stress fibers, J. Cell Biol. 172, 259-268, 2006.

第5章 細胞のメカノトランスダクションと遺伝子応答

執筆担当：安藤譲二，山本希美子

5.1 はじめに

動脈，静脈，リンパ管で構成される血管系は，組織への酸素供給，組織からの炭酸ガスを含む老廃物の除去，体内の水分や電解質や温度の調節，免疫などの防御機能といった，生体にとって重要なはたらきを担っている．比較的太い動脈をみると，内面は細胞どうしが隙間なく接着した単層の内皮細胞に覆われ，その外側は厚みをもった平滑筋層と線維芽細胞からなる外膜が3層構造をとっている．内皮細胞は血管系の多彩なはたらきの調節に中心的な役割を果たしている．たとえば，血液中の物質が血管壁に漏れることを防ぐ障壁となるだけでなく，組織では必要な物質を選択的に透過させる．また，さまざまな生理活性物質を産生して，血圧の調節，血液の凝固・線溶，血管新生，組織の炎症や免疫反応にも深く関わっている．この内皮細胞のはたらきを調節する因子として，ホルモン，サイトカイン†1，ニューロトランスミッター†2といった「化学刺激」がよく知られているが，近年，血流や血圧に基づくせん断応力や伸展張力などの「力学刺激」も，内皮機能を調節することが明らかになってきた．

力学刺激の血管作用は，生体で起こる血流依存性の現象（血管新生，血管のリモデリング，ヒトの粥状動脈硬化）から注目されるようになった．19世紀後半に，ドイツの病理学者Thomaが，ニワトリ胚の観察で，血流の速い血管では新しい分岐ができるが，血流の遅い血管では分岐が増えず，血流の停滞するところでは血管が退縮することを指摘した[1]．その後，多くの研究により，血流が血管新生の調節因子としてはたらくことが確かめられた．生体では，血流が増加すると血管径が大きくなり，逆に血流が減少すると血管径が小さくなるリモデリングが起こるが，これは血管壁にかかる血流に起因するせん断応力を一定に保つ適応反応と考えられている[2]．また，ヒトの粥状動脈硬化病変（アテローム）は，血管の分岐部や湾曲部の特定部位に好発する

†1　cytokine：免疫システムの細胞から分泌されるタンパク質．
†2　neurotransmitter：神経伝達物質．神経細胞間などに形成されるシナプスで，情報伝達を介在する物質．

が，そこは血流の停滞，渦，再循環が生じて，血管壁に作用するせん断応力が弱く，かつ方向や強さが非定常となっている．このことから，乱流性のせん断応力は，アテローム発生部位を決定する重要な因子と考えられている[3]．

近年，細胞が力学刺激にどのように反応するかが，分子・細胞レベルで詳細に解析されるようになった．培養した細胞に定量的な力学刺激を負荷する装置の開発にあいまって，分子生物学的実験法やバイオイメージング法の発展が，この分野の研究を後押しした．血管の細胞だけでなく，骨細胞，内耳有毛細胞，気道や腸や尿細管の上皮細胞，乳腺，心筋，肝細胞など，実にさまざまな細胞が力学刺激に反応することがわかってきた．さらに，力学刺激は成熟細胞にとどまらず，未分化な胚の細胞にも影響し，胚における器官形成の調節因子としてはたらくことも示された[4]．こうした細胞の力学応答の研究が進展を遂げるなか，力学的視点から細胞生物学を理解しようとするメカノバイオロジーが，新しい研究領域として登場してきた．本章では，血管のメカノバイオロジーとして，内皮細胞の力学応答とメカノトランスダクション，それらが内皮細胞の遺伝子発現や個体レベルでの循環系の調節に果たす役割について概説する．

5.2　血管細胞が受ける力学刺激

5.2.1◆せん断応力と伸展張力

血流に起因するせん断応力（shear stress）は，血管内皮細胞に作用し，細胞を血流方向に歪ませる物理力となる（図5.1）．内皮細胞に作用するせん断応力（τ）の大きさは，血液の粘性（μ）と速度勾配（せん断ひずみ速度 du/dr）の積，$\tau = \mu \cdot du/dr$

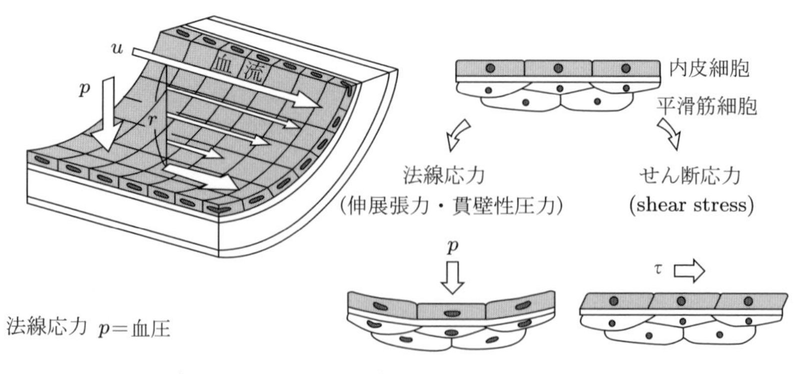

図5.1　血管細胞が受ける力学刺激

$= 4\mu Q/\pi r^3$（u は流速，r は血管の半径，Q は血流量，π は円周率）として表すことができる．ヒトの生理的条件下の大動脈では 1～2 Pa，静脈では 0.1～0.6 Pa のせん断応力が血管壁に作用する．一方，血圧は血管を円周方向に伸展し，内皮細胞と平滑筋細胞に伸展張力（cyclic strain）を発生させるとともに，細胞を押しつぶす力（貫壁性圧力）として作用する．心拍動にともない，血管径が伸展する割合はヒトの大動脈で 9～12%，頸動脈で 1～2%，大腿動脈で 2～15%，肺動脈で 6～10% である．

5.2.2 ◆ 力学刺激負荷実験法

(A) 流れ負荷装置

細胞に対するせん断応力の影響を解析する研究は，培養した細胞に定量的な流れを負荷する実験システムが導入されてから急速に進展した．これまで，さまざまなタイプの流れ負荷装置が考案され，実験に使用されてきたが，そのおもなものは，回転円盤型，平行平板型，チューブ型である．

回転円盤型：ディッシュの底に培養細胞を直接付着させるか，あるいは細胞を付着させたカバースリップを設置し，ディッシュの中の培養液中に円盤を浸す．この円盤をモーターで回転させると，培養液が同心円状に流れ，細胞にせん断応力（τ）がかかる（図 5.2(a)）．表面が平らな円盤を使うと，細胞にかかるせん断応力の強さは，ディッシュの中心からの距離に依存する（ディッシュの外側ほどせん断応力は大きくなる）が，円錐板ではディッシュのすべての場所で一様なせん断応力がかかる．せん断応力は $\tau = \mu\omega/\alpha$ から算出できる．表面が平らな円盤では，回転速度（回転角速度 ω）および円盤とディッシュの底との距離を変えることで，円錐板では円錐の角度（α）と回転速度を変えることで，細胞にかかるせん断応力の強さを調節することができる．

また，回転円盤型装置は，非層流性の流れを負荷することにも使われている．円錐の角度を大きくし，回転速度を速くすると，円周方向の流れが，円錐板の近くでは中心から外側へ，ディッシュの底面では外側から中心へ向かうようになる．このため，ディッシュ底面に付着している細胞に作用するせん断応力の強さが場所により異なり，流速のベクトルも時間的・空間的に非定常になる．こうした流れは，直管内のレイノルズ数が 2000 以上の乱流や，動脈硬化病変が発生しやすい血管の分岐部で生じる流れの停滞，剥離，再循環などの 2 次流をともなう擾乱流（disturbed flow）と同じではないが，便宜的に乱流として実験に用いられている．

平行平板型：チャンバーの中で，細胞の付着したカバースリップあるいはガラス板をガスケットを挟んで，プラスチックあるいはガラスでできた平板に対向させる．チャンバーとリザーバーをシリコーンチューブで連結して回路をつくり，ポンプで液を灌流する（図(b)）．このとき，チャンバー内の流路の断面は，長方形（高さ a，幅 b）

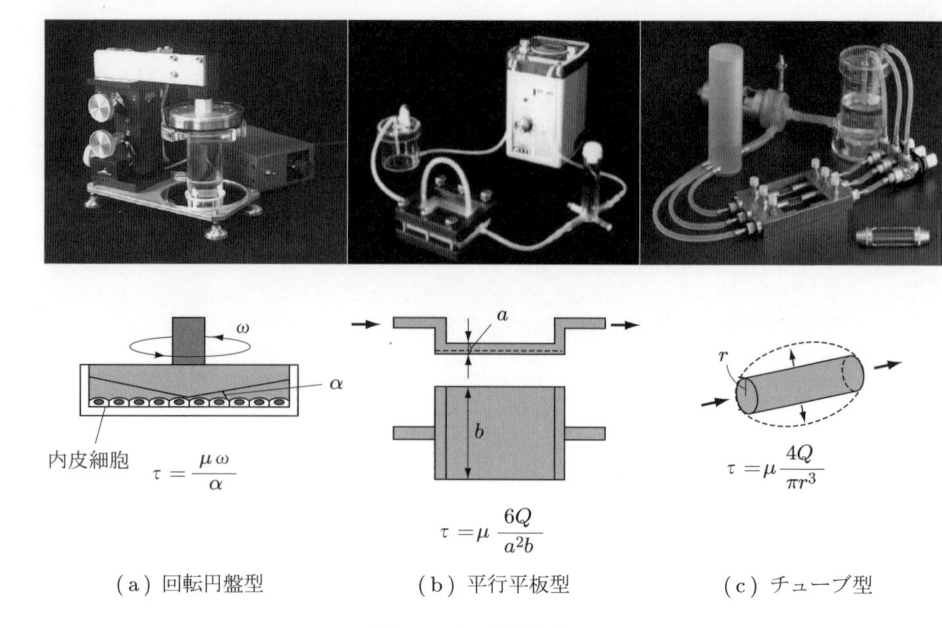

(a) 回転円盤型　(b) 平行平板型　(c) チューブ型

図 5.2　流れ刺激負荷装置

となり，流量 Q を与えると，細胞にかかるせん断応力の強さは，$\tau = \mu \cdot 6Q/a^2b$ で算出できる．細胞を付着させる平板を大きくすると，大量の細胞に負荷をかけることができる．

チューブ型：細胞付着性のよいシリコーンのチューブの内面に細胞を培養し，チューブの中に培養液を流すことで，細胞に流れ刺激を加える（図(c)）．シリコーンチューブは弾性があるので，流れを起こすと内圧が増加し，チューブが伸展し，細胞にはせん断応力（流量 Q とチューブの半径 r によって，$\tau = \mu \cdot 4Q/\pi r^3$ により計算）とともに，伸展張力がはたらく．ポンプの出力を調節して拍動性に液を送ると，実際の生体の血管でみられる血流プロファイルを模擬した流れ負荷を行うことができる．

これらの装置に加えて，最近は，ポリマーを成形して作製した数百マイクロメートルの幅の流路を有するチャンバー使って，細胞にせん断応力を作用させる**マイクロ流体システム**が使われるようになってきた．この装置により，単一細胞の局所にせん断応力を作用させることができる．

(B) 伸展張力負荷装置

細胞を弾性膜上に培養し，それを引き伸ばすことで，細胞に伸展張力を加える．Flexercell は，底が親水性の弾性膜でできた円形ディッシュに細胞を培養し，ディッシュの底に陰圧をかけて弾性膜を伸展させることで，細胞に伸展張力をかける装置である．Strex は，シリコーン製の矩形チャンバーの底に細胞を培養し，チャンバー全体を一方向に伸展する装置である．

5.3　力学刺激に対する内皮細胞応答

5.3.1 ◆ 形態・配列の変化

生体の血管内皮細胞は，血流の速いところでは長円形で，その長軸を血流方向に向けて配列している．一方，血管分岐部の血流が遅く，あるいは停滞するところでは類円形で，一定の配列方向を示さない．こうした内皮細胞の形態・配列を決定しているのは，せん断応力と考えられている．ヒト臍帯静脈内皮細胞（HUVEC）に，平行平

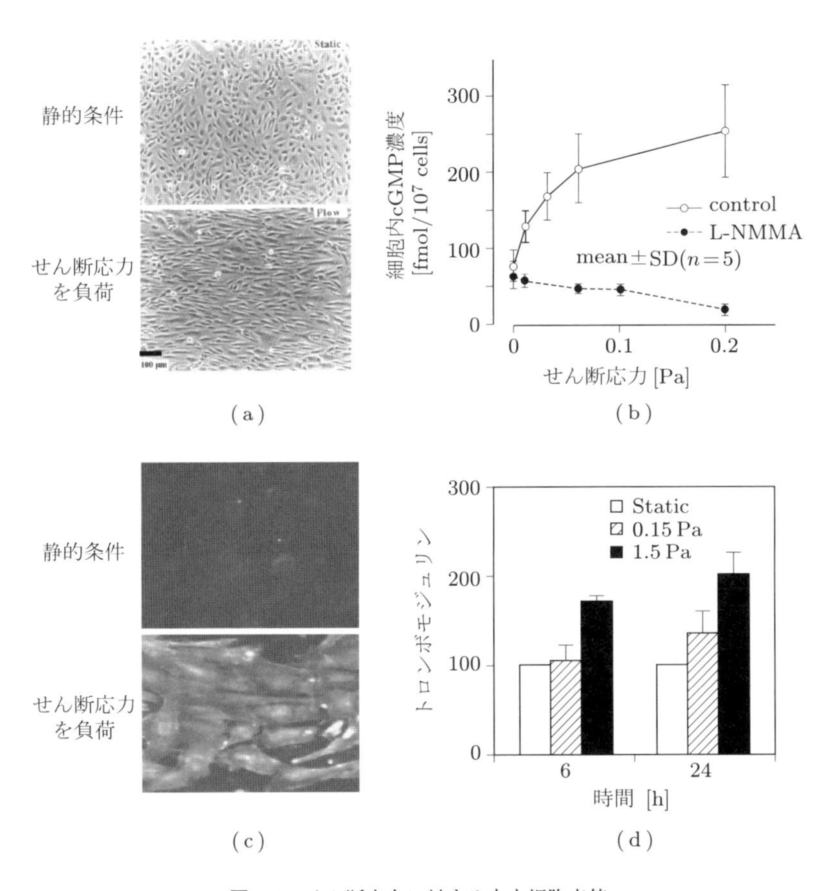

図 5.3　せん断応力に対する内皮細胞応答

板型装置でせん断応力（1.5 Pa, 24時間）を負荷すると，静的条件では類円形で一定の配列を示さない細胞が，形が細長くなり，その長軸を流れの方向と平行に配列するようになる（図5.3(a)，培養液の流れは左から右に平行）．こうした反応は，細胞骨格の変化をともなっており，アクチンフィラメントの束であるストレスファイバーが増加し，流れの方向に配列する[5]．

5.3.2 ◆ 内皮機能の変化

（A）細胞増殖とアポトーシス

せん断応力が作用すると，内皮細胞の増殖能が変化する．実験動物の動静脈シャント手術で，血流が約4倍に増加すると，血管径の増大がまだ起こらない時点で，内皮細胞の密度が約2倍に増加することが観察されている[6]．培養細胞では，実験条件によって，層流性のせん断応力が増殖に影響を及ぼさない場合と，抑制する場合がある．一方，乱流性のせん断応力は，内皮細胞の増殖を刺激する効果がある．血管内皮は，その一部が剝離しても，速やかに剝離部周辺の内皮細胞が遊走・増殖して，剝離部を修復する再生能を有している．層流性のせん断応力が内皮細胞の遊走と細胞分裂を刺激することで，内皮剝離部の再生を促進することが示されている[7]．

せん断応力は，血管細胞のアポトーシスに影響を及ぼす．出生時，胎盤が失われると，多くの血管で血流が著明に減少するため血管のリモデリングが起こるが，この過程で，内皮細胞と平滑筋細胞のアポトーシスが出現する．出生直後に，ヒトの臍帯静脈を静的条件で器官培養すると，アポトーシスを起こす内皮細胞が増加するが，流れの存在下で培養すると，アポトーシスが起こらなくなる．培養細胞を用いたin vitroの検討でも，層流性のせん断応力が，ヒト臍帯静脈内皮細胞の増殖因子の除去で誘導されるアポトーシスを防ぐ効果のあることが示されている．一方，乱流性のせん断応力は，ヒト臍帯静脈内皮細胞のアポトーシスを惹起する効果がある．

（B）血管のトーヌス†

せん断応力には，内皮細胞における平滑筋弛緩物質の産生を促し，逆に，平滑筋収縮物質の産生を抑制する効果がある．血流が増加すると，血管が急性的に拡張する現象が起こるが，これは，おもに内皮からの一酸化窒素（nitric oxide: NO）の放出による．せん断応力が内皮のNO産生を刺激することは，培養内皮細胞を用いた実験でも示されている[8]．ウシ胎児大動脈内皮細胞に，流れ負荷装置でせん断応力を細胞に作用させると，NO産生が増加して細胞内cGMP濃度が上昇する（図5.3(b)）．この

† 筋肉の緊張を意味する用語で，この場合は，血管壁内に存在する平滑筋細胞の収縮状態を表す．

cGMP の増加反応は，NO 産生の特異的阻害薬である L-NMMA で消失する．せん断応力による NO 産生は，NO 合成酵素の活性化と，遺伝子発現の増加に基づいている．せん断応力で惹起される細胞内 Ca^{2+} 濃度の上昇や，タンパク質キナーゼの活性化，補因子 tetrahydrobiopterin（BH_4）の増加が，NO 合成酵素を活性化する．他方，せん断応力は転写因子 NFκB を活性化し，それが NO 合成酵素遺伝子のプロモータにある塩基配列 GAGACC（せん断応力応答配列）に結合して転写を亢進させることで，また，mRNA の 3′polyadenylation を介した安定化によって，NO 合成酵素の遺伝子発現を増加させる．このほか，平滑筋弛緩作用のあるプロスタサイクリン，C 型ナトリウム利尿ペプチド（CNP），アドレノメデュリン（AM）の産生も，せん断応力で亢進する．一方，平滑筋収縮物質であるエンドセリン（ET）の内皮産生は，せん断応力に対して 2 相性に反応する．せん断応力が作用した初期には ET 産生は増加するが，その増加は一過性で，以降は逆に減少する．内皮細胞は，アンジオテンシン I を，強力な平滑筋収縮作用をもつアンジオテンシン II に変換する酵素（ACE）を細胞膜に発現しているが，これがせん断応力により減少する．

（C）抗血栓活性

せん断応力は，血管内皮の抗血栓活性を高める方向に作用する．せん断応力で増加する NO やプロスタサイクリンは，ともに強力な抗血小板凝集作用を有している．内皮細胞表面に発現する糖タンパク質トロンボモジュリンは，トロンビンのフィブリノーゲン凝固活性や血小板凝集活性を失わせ，同時に凝固因子を不活化するプロテイン C を活性化する．このトロンボモデュリンの発現が，せん断応力で増加する（図 5.3 (c), (d)）．図(c)はトロンボモデュリンの免疫蛍光染色像であり，せん断応力（1.5 Pa, 24 時間）により，培養ヒト臍帯静脈内皮細胞のトロンボモデュリンの細胞膜発現量が著明な増加を示している．図(d)は，トロンボモデュリンタンパク質量の ELISA による定量解析を示している．トロンボモデュリンの増加は，せん断応力の強さと負荷時間に依存している．また，せん断応力は，抗血液凝固作用のあるヘパラン硫酸や，線溶活性を有するプラスミノーゲン・アクチベータを増加させる．

（D）細胞増殖因子・サイトカイン産生

増殖因子の PDGF（platelet-derived growth factor），HB-EGF（heparin binding-epidermal growth factor-like growth factor），bFGF（basic fibroblast growth factor），TGF-β（transforming growth factor-β）や，サイトカインの IL-1，IL-6（interleukin-1, -6），顆粒球マクロファージ・コロニー刺激因子（granulocyte/macrophage colony stimulating factor: GM-CSF）の産生が，せん断応力で増加する．

(E) 酸化ストレス

酸化ストレスとは，一般にスーパーオキシド (O_2^-)，過酸化水素 (H_2O_2)，ヒドロキシラジカル ($^{\cdot}OH$)，および一重項酸素 ($^1O_2$) などの活性酸素や，脂質過酸化物 (酸化LDL)，あるいは血管拡張物質として同定された一酸化窒素ラジカル (NO^-) など，生物学的作用を有するものをさしている．従来，酸化ストレスは，炎症細胞での役割が中心と考えられていたが，血管内皮細胞や平滑筋細胞でも産生されて細胞障害性にはたらくだけでなく，細胞内情報伝達をつかさどる重要なセカンドメッセンジャーであることが明らかになってきた．一方，生体には，活性酸素を消去する酵素SOD (super oxide dismutase) と，活性酸素のスカベンジャーとしてはたらくNOが作用して，酸化ストレスによる細胞障害作用を防御する機構が備わっている．せん断応力は，血管における酸化ストレスの生成と消去に大きな影響を及ぼす．内皮細胞にせん断応力が加わると，NADPHオキシダーゼが活性化し，O_2^-，H_2O_2 などのROS (reactive oxygen species) が産生されるが，一方，SODやNOを増加させてROSを消去する効果も現れる．ヒト臍帯静脈内皮細胞にせん断応力を作用させるとROSが増加するが，この反応は，せん断応力を負荷して30分後にピークを示す一過性のものであり，24時間以上は持続しない．定常流ではなく，1 Hzの拍動流を作用させると，24時間後でもROSの増加が続くとされている．

(F) 白血球との接着

血液中の白血球は，組織に炎症や免疫反応が起こると，血管内皮細胞と接着し，内皮細胞間隙を抜けて組織に遊走していく．せん断応力は，白血球と内皮細胞の接着に大きな影響を及ぼす．せん断応力は，白血球を内皮細胞からはがす力として作用するので，0.2 Pa以下でなければ接着が困難になる．また，せん断応力は，内皮細胞の接着分子の発現を修飾することで，両者の接着に影響を及ぼす．たとえば，マウスのリンパ節の細静脈の内皮細胞にせん断応力を作用させると，接着分子VCAM-1の発現量が減少し，このため，接着するリンパ球が減少する[9]．接着分子発現に及ぼすせん断応力の効果は細胞の種類により異なり，ヒト臍帯静脈内皮細胞では，せん断応力は接着分子ICAM-1とE-selectinの発現を増加させるが，VCAM-1には変化を起こさない．

5.4　力学刺激による遺伝子発現調節

5.4.1◆遺伝子応答の包括的解析

せん断応力に対する細胞応答は，多くの遺伝子の発現変化をともなった複雑なカスケードで成り立っている．こうした細胞応答を理解するためには，個々の遺伝子についてだけでなく，遺伝子全体の応答を網羅的に解析する必要がある．近年，こうした目的に，基板上に高密度に整列化させたプローブに対して，標識した核酸をハイブリダイゼーションさせるDNAマイクロアレイが応用できるようになった．この技術は，数千から数万の遺伝子の発現変化を同時に解析できる．

Affimetrix社製DNAマイクロアレイを使い，せん断応力に反応する内皮遺伝子を網羅的に解析した結果が報告されている[10]．培養したヒト臍帯静脈内皮細胞（HUVEC）とヒト冠動脈内皮細胞（HCAEC）に，静脈レベル（0.15 Pa）と動脈レベル（1.5 Pa）の層流性あるいは乱流性のせん断応力を24時間作用させ，発現が2倍以上に増加（Up），あるいは半分以下に減少（Down）する遺伝子の割合を算出している（表5.1）．動脈レベルの層流のせん断応力に対して，HUVECでは全体の3.2%が，HCAECでは3.0%が応答した．静脈レベルのせん断応力では，HUVECで全体の2.1%，HCAECで2.0%と，動脈レベルのせん断応力よりも応答する遺伝子が減少した．また，HCAECに対する乱流のせん断応力（0.15 Pa）では，全体の1.1%が応答した．仮に内皮細胞に発現する総遺伝子数を2万とし，動脈レベルの層流のせん断応力に反応する遺伝子の割合3%で計算すると，約600の遺伝子がせん断応力応答性であると考えられる．このほか，mRNAのdifferential display法による解析では，HUVECに1.5 Paのせん断応力を6時間負荷した実験で，全体の遺伝子の約4%が反応したことが示されている[11]．Clonetech社のマイクロアレイを使った検討では，ヒト大動脈内皮細胞（HAEC）に層流のせん断応力（1.3 Pa，24時間）を作用させると，遺伝子全体の6%，乱流のせん断応力（0.001 Pa以下，24時間）では2.7%が応答す

表5.1　せん断応力に応答する内皮遺伝子の割合

細胞	せん断応力［Pa］		発現が2倍以上に増加	発現が半分以下に減少	応答した遺伝子の割合［%］
ヒト臍帯静脈内皮細胞	1.5	層流	50	131	3.2
ヒト冠動脈内皮細胞	1.5	層流	50	120	3.0
ヒト冠動脈内皮細胞	0.15	層流	25	88	2.0
ヒト冠動脈内皮細胞	0.15	乱流	25	40	1.1

ることが示された．また，Research Genetics 社のマイクロアレイでは，HUVEC に層流のせん断応力（1.0 Pa，24 時間）を作用させると，遺伝子全体の 1.8%，乱流性のせん断応力（1.0 Pa，24 時間）では 0.76%の遺伝子が反応することが示された．

せん断応力に対する内皮遺伝子の継時的応答プロファイルをみるため，層流のせん断応力（1.5 Pa）を，3，6，12，24，48 時間作用させた HUVEC の mRNA を使い，DNA マイクロアレイ解析が行われた．そのデータをもとに類似したプロファイルの遺伝子が近くにくるようにクラスタリングすると樹枝状図が得られるが，その第 2 次分岐で分類すると，Up では五つの，Down では六つのパターンがみられた（図 5.4）．このことから，せん断応力に対する遺伝子の継時的応答プロファイルは多様であることがわかる．

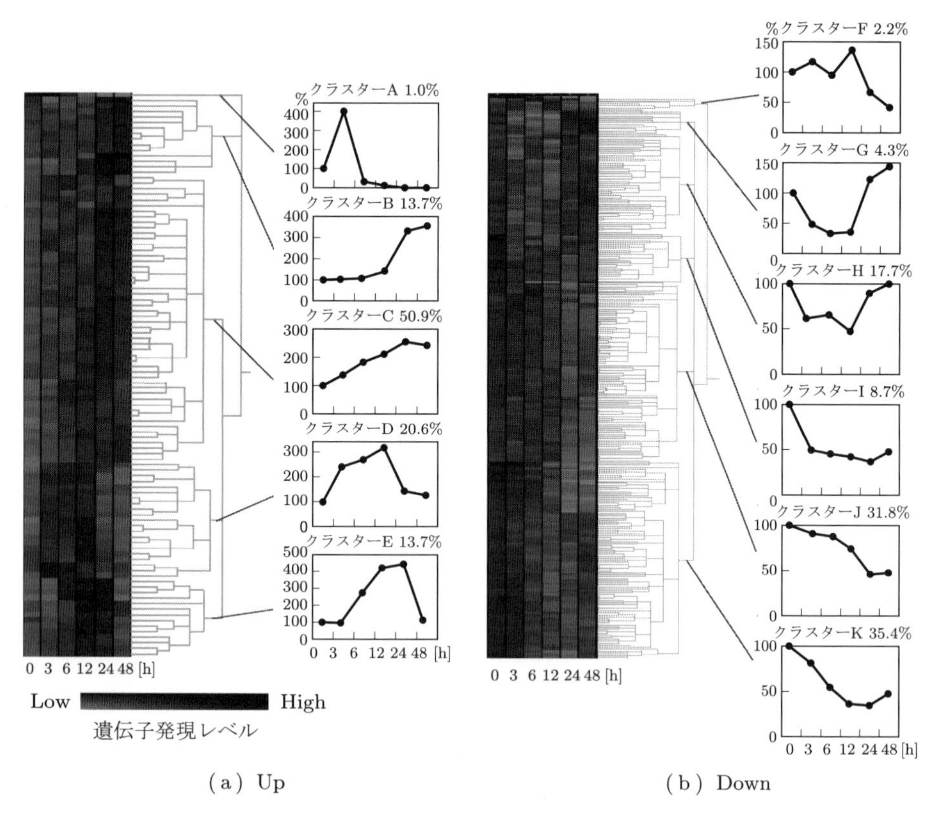

図 5.4　せん断応力に対する内皮遺伝子応答の，経時的プロファイル（カラー口絵 p. VI）
（文献[10]より転載．Fig. 1 を改変）

5.4.2 ◆ せん断応力による遺伝子発現調節

せん断応力による内皮遺伝子の発現調節には，転写と mRNA の安定化が関わる[12]．転写制御では，せん断応力が転写因子を活性化し，それが標的遺伝子のプロモータにあるせん断応力応答配列に結合することで，遺伝子の発現を正あるいは負に調節する．せん断応力で活性化する転写因子としては，血小板由来増殖因子（PDGF）B 鎖では NFκB，PDGF-A 鎖では Egr-1（early growth response gene），VCAM-1 や単球走化性タンパク質では AP-1，組織因子や動脈内皮マーカー ephrinB2 では SP1（specificity protein 1），ウロキナーゼ型プラスミノーゲン・アクチベータ（uPA）では GATA6 が知られている．また，血管の分化や発達に関わる転写因子 KLF2（Kruppel-like factor 2）も，せん断応力で活性化する．一方，せん断応力は，mRNA の分解速度を調節して，遺伝子発現を制御することもある．その例は，GM-CSF や uPA の遺伝子にみられる．

5.4.3 ◆ せん断応力と伸展張力の相互作用

in vivo の血管内皮には，せん断応力だけでなく，血圧に基づく伸展張力も同時に作用する．チューブ型の流れ負荷装置で，遺伝子発現に及ぼすせん断応力と伸展張力の単独効果と同時負荷効果を比較した結果が報告されている[13]．血管収縮物質エンドセリン（endothelin）と NO 合成酵素（eNOS）の mRNA レベルの変化を，ポリメラーゼ連鎖反応（polymerase chain reaction: PCR）で解析した結果を図 5.5 に示す．エンドセリンの遺伝子発現は，せん断応力単独で減少するが，伸展張力単独では増加し，同時負荷を行うと両方の効果が相殺されるため，遺伝子発現は変化しない．一方，血管拡張物質 NO の合成酵素（eNOS）の遺伝子発現は，せん断応力単独で増加し，伸展張力で変化が起こらず，同時負荷では，せん断応力単独の効果と同程度の増加が起こる．このことから，せん断応力と伸展張力の効果は，それぞれ単独で作用するときと同時に作用するときでは異なることがわかる．

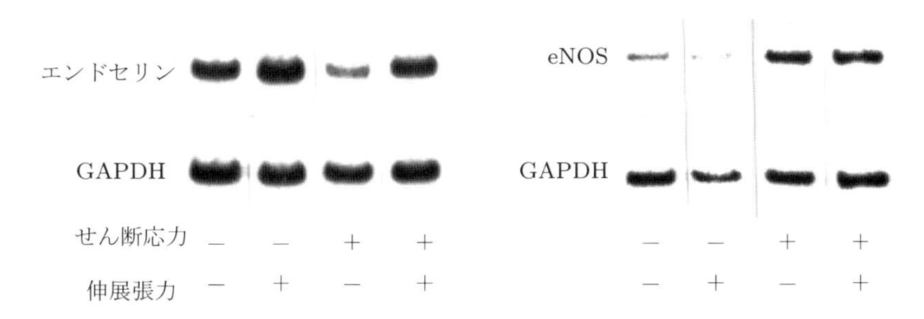

図 5.5　せん断応力と伸展張力の単独負荷効果と同時負荷効果

5.4.4 ◆ 層流と乱流の効果の違い

遺伝子に与えるせん断応力の効果は，層流性か乱流性かによって異なることがある．そうした例が，血栓の溶解，血管壁の結合織の分解，平滑筋細胞の遊走・増殖刺激作用を有するuPAの遺伝子でみられる[14]．回転円盤型装置で，ヒト冠状動脈内皮細胞に乱流のせん断応力（0.15 Pa）を作用させると，uPAのmRNAレベルが6時間で有意に上昇し，24時間で約3倍に増加した（図5.6(a)，＊は統計的に有意差のあることを示している）．一方，層流のせん断応力（0.15 Pa）では，6時間でmRNAレベルが有意に低下し，12時間でコントロールの約20%に低下した．細胞からのuPAタンパク質の分泌も，乱流で増加，層流で低下した．せん断応力によるuPAのmRNAレベルの変化が転写を介して調節されているかどうかを，ルシフェラーゼ・アッセイ†で解析すると，乱流のせん断応力はuPA遺伝子の転写を有意に変化させないが，層流のせん断応力は，転写を明らかに抑制した（図(b)）．層流のせん断応力による転写

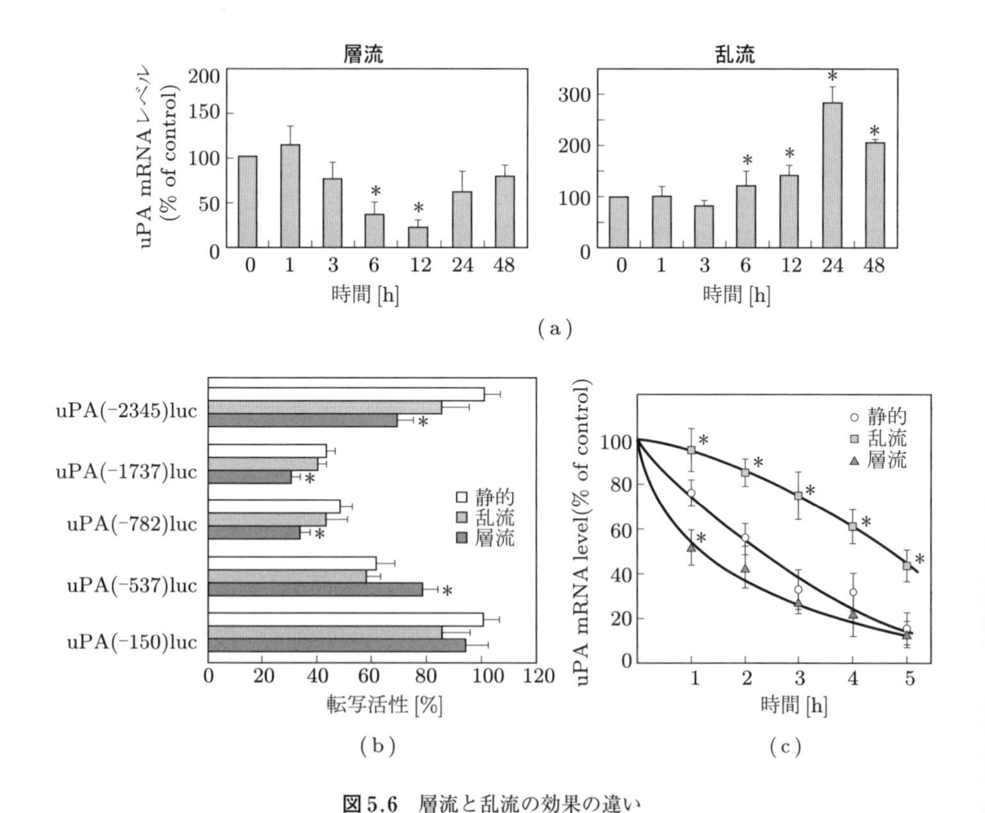

図5.6　層流と乱流の効果の違い

† 生物発光において，触媒作用をもつ酵素であるルシフェラーゼを利用して，DNA断片の遺伝子発現を制御する機能を計測する方法．

の抑制は，uPA 遺伝子のプロモータを転写開始点から 5′ 上流の −537 塩基まで短くすると消えることから，−782 塩基から −537 塩基の間にせん断応力応答配列があることが示された．実際，その場所に存在する転写因子 GATA の結合配列が重要な役割を果たしており，そこに変異を入れると，層流のせん断応力による転写抑制反応が完全に消失した．ゲルシフト・アッセイ†により，転写因子 GATA のサブタイプの 6 番がせん断応力で活性化され，それが uPA 遺伝子の GATA 結合配列に結合することが示された．一方，乱流のせん断応力は転写に影響せず，mRNA の安定化によって，uPA 遺伝子の発現を増加させることが示された．

すべての転写をアクチノマイシン D で止めた後の uPA の mRNA の分解速度を測定したところ，乱流のせん断応力は uPA mRNA の分解速度の遅延を起こすこと，一方，層流のせん断応力は uPA mRNA の分解を速める効果のあることが示された（図(c)）．uPA mRNA の半減期は，静的コントロールで 2 時間 12 分，乱流のせん断応力で 4 時間 28 分，層流のせん断応力で 1 時間 8 分であった．したがって，乱流は，mRNA を安定化することで uPA 遺伝子の発現を亢進させ，一方，層流は，転写の抑制と mRNA の分解速度を速めることで uPA 遺伝子の発現を抑制すると考えられた．このことは，内皮細胞がせん断応力の強さだけでなく，乱流性，層流性といったせん断応力の性質の違いを認識し，それぞれに特異的な遺伝子応答を起こすことを意味している．粥状動脈硬化病変において uPA の発現が亢進していることが報告されているが，その一つの機序として，乱流性のせん断応力の効果が関わっている可能性が考えられる．

これまでに行われた多くの研究から，概して層流性のせん断応力は正常な内皮機能を活性化して粥状動脈硬化を抑え（athero-protective），逆に，乱流性のせん断応力は内皮細胞のアポトーシス，白血球の接着，血清脂質の内皮透過，酸化ストレスなどを刺激して，粥状動脈硬化を進行させる（atherogenic）効果があると考えられている．

5.5　内皮細胞のメカノトランスダクション

これまでの多くの研究により，せん断応力のメカノトランスダクションの分子機構が次第に明らかになってきた．内皮細胞にせん断応力が作用すると，さまざまな膜分子・ミクロドメインを介して，機械的刺激であるせん断応力の情報が生化学的シグナルに変換されて，細胞内部へ伝達される．細胞内での情報伝達経路は多岐にわたっており，それらがさまざまな転写因子の活性化を介した遺伝子発現や，内皮細胞機能の

---

† DNA 断片とタンパク質の結合を調べる実験系で，遺伝子の転写因子の結合配列の解析に使用．

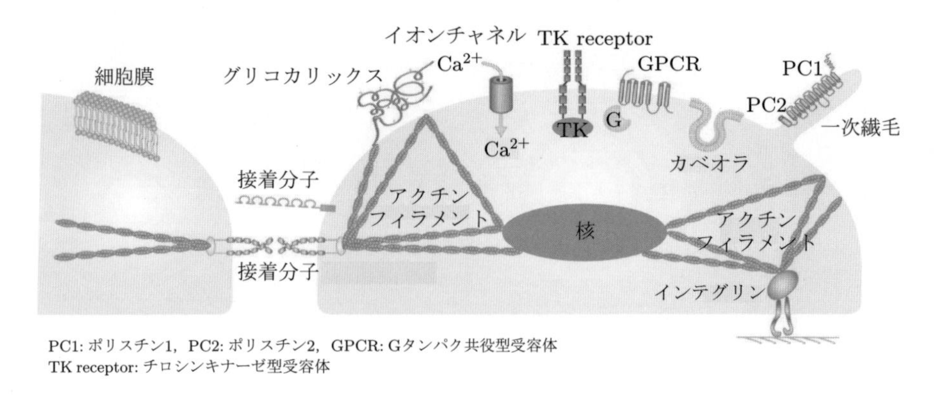

図 5.7　せん断応力のセンシングに関わる膜分子・ミクロドメイン

変化につながっている[15]．しかし，せん断応力を最初に認識する機構や，センサー分子の本体はまだ明らかになっていない．ここでは，せん断応力のセンサー分子の候補として，

（1）細胞膜に発現するイオンチャネル，受容体，接着分子，グリコカリックス
（2）細胞膜の構造物としての一次繊毛（primary cilia），カベオラ
（3）細胞の構造を維持する細胞骨格，細胞形質膜

について述べる（図 5.7）．

5.5.1 ◆ イオンチャネル

細いガラス管内面に付着したウシ大動脈培養内皮細胞に，whole cell パッチクランプを行いながら流れ刺激を加えると，K^+ に選択的な内向き電流が即座に流れる．この電流変化は，せん断応力の強さに依存して K^+ チャネルの開口確率が増加，ひいては膜の過分極が起こることを意味している．実際，せん断応力で細胞膜の過分極が生じることが，電位感受性色素を用いた実験で確認されている．膜の過分極は，細胞外 Ca^{2+} の細胞内への流入の駆動力になる．また，内皮細胞にせん断応力を作用させると，膜の過分極が生じた後（35〜160 秒後），膜の脱分極が起こるが，それに Cl^- チャネルが関わっている．また，せん断応力は Ca^{2+} を通す TRP（transient receptor potential）チャネルを活性化する．せん断応力で細胞内カルシウム上昇反応を示さない HEK（human embryonic kidney）細胞に TRPV4 の遺伝子を導入すると，カルシウム上昇反応が起こるようになる．しかし，これらのイオンチャネルが，細胞膜の伸展刺激で開く SA（stretch-activated）チャネル（SA channel）のように，せん断応力により直接開くかどうかはまだ証明されていない．

他方，せん断応力により，二次的に活性化するイオンチャネルがある．それは，血

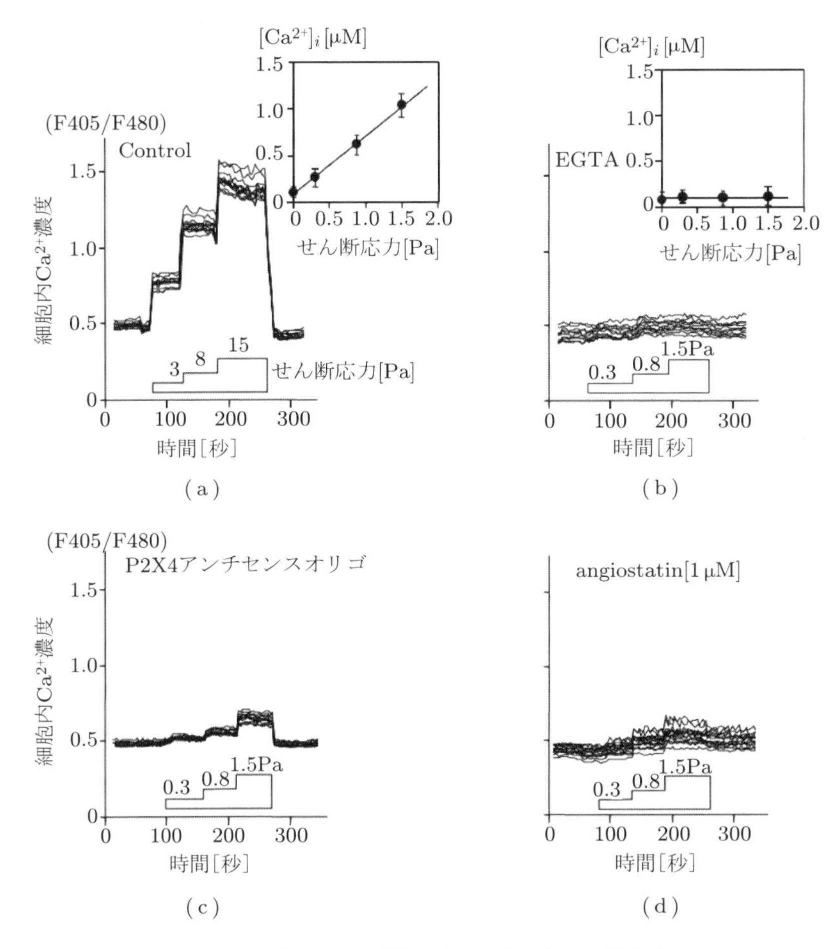

図 5.8 せん断応力が惹起する内皮細胞の Ca^{2+} 反応

管内皮細胞膜に発現する ATP 作動性カチオンチャネル P2X purinoceptor のサブタイプ P2X4 チャネルである．せん断応力で内皮細胞から ATP が放出されると，その ATP が P2X4 チャネルを開き，細胞外 Ca^{2+} の細胞内への流入が起こる[16]．流れ負荷装置で，培養ヒト肺動脈内皮細胞にせん断応力を作用させると，図 5.8(a)に示すように，即座に細胞内 Ca^{2+} 濃度が上昇する．この反応はせん断応力の強さに依存して，せん断応力と $[Ca^{2+}]_i$ は線相関を示す．このことから，内皮細胞には，せん断応力の強さの情報を正確に細胞内 Ca^{2+} 濃度変化に変換する機構が存在することがわかる．この反応に動員されるのは細胞外 Ca^{2+} で，これを EGTA で除くと，Ca^{2+} 濃度上昇反応が起こらない（図(b)）．内皮細胞に優勢的に発現する ATP 作動性カチオンチャネル P2X4 チャネルの発現を，アンチセンスオリゴ（AS-oligos）で抑制すると，せん

断応力による Ca^{2+} 流入反応が著明に減弱する（図(c)）．また，ATP 放出を抑える ATP 合成酵素阻害薬 angiostatin で細胞を処理すると，せん断応力誘発性 Ca^{2+} 流入反応が著明な抑制を受けることから（図(d)），せん断応力で放出される ATP が，P2X4 チャネルを活性化していることがわかる．

5.5.2 ◆ 膜受容体と G タンパク質

せん断応力が作用すると，細胞膜に発現する vascular endothelial growth factor 受容体（VEGFR）や，angiopoietin 受容体（Tie-2）などのチロシンキナーゼ型受容体（RTKs）が活性化される．この活性化は，リガンドである VEGF や angiopoietin の存在を必要としない．これらの受容体がリン酸化されると，低分子量 G タンパク質の Ras を介して，ERK（extracellular signal-regulated kinase），JNK（c-Jun NH2-terminal kinase），PI3-kinase，Akt（protein kinase B）などのタンパク質キナーゼが活性化され，NO 合成酵素の活性化やアポトーシスの抑制が起こる．こうしたせん断応力によるリガンド非依存性の RTKs の活性化に，インテグリン $\alpha v\beta 3$ や $\beta 1$ が関わることが指摘されている．VEGFR のリガンド非依存性のリン酸化は，成熟した内皮細胞だけでなく，マウス ES 細胞由来の血管前駆細胞（vascular progenitor cell）でも観察されており，せん断応力による血管前駆細胞の内皮細胞への分化誘導に重要な役割を果たしている．

G タンパク質共役型受容体（GTP binding protein coupled receptor: GPCR）も，せん断応力のメカノトランスダクションに深く関わっている．せん断応力や低浸透圧刺激による膜張力の変化や，試薬による膜流動性の変化により，GPCR の構造が変化することが，FRET（fluorescence resonance energy transfer）による分子イメージングで確認された．また，G タンパク質を含む人工脂質膜小胞（リポソーム）にせん断応力を作用させると，強さ依存性に G タンパク質の GTPase 活性が増加することが示された．このことは，受容体の構造がなくても，膜に結合した G タンパク質がせん断応力で活性化することを意味している．G タンパク質共役型の受容体から情報が入ると，アデニル酸シクラーゼ（adenylate cyclase: AC）や，ホスホリパーゼ C（phospholipase C: PLC）などの活性が変化し，細胞内情報伝達物質（セカンドメッセンジャー）が産生される．代表的なセカンドメッセンジャーとしては，サイクリック AMP（cAMP），Ca^{2+}，イノシトール-1，4,5-三リン酸（IP_3），ジグリセリド（diacylglyceride: DAG）などがある．cAMP は cAMP 依存性プロテインキナーゼ（A キナーゼ，protein kinase A: PKA）を活性化し，その結果，さまざまなタンパク質がリン酸化される．Ca^{2+} は，カルモジュリン（calmodulin）などの Ca^{2+} 結合タンパク質と結合して，IP_3 は，小胞体の中に貯蔵している Ca^{2+} を細胞質に放出させ，

DAGはCキナーゼ（protein kinase C: PKC）を活性化することで，その下流で多くのタンパク質の活性を変える．

5.5.3◆接着分子

内皮細胞と細胞下の細胞外マトリックスを結合している膜貫通型のタンパク質分子インテグリンは，αおよびβの二つのサブユニットからなっており，2本のポリペプチドが非共有結合して一つの分子を形成している．細胞の外側にはリガンド結合ドメインを有し，コラーゲン，フィブロネクチン，ビトロネクチン，ラミニンなどの細胞外マトリックスと結合する．一方，細胞内はビンキュリン，タリン，α-アクチニンなどの焦点接着斑タンパク質を介してアクチンフィラメント（細胞骨格）と連結している．内皮細胞にせん断応力が作用すると，インテグリンに張力が発生し，この情報が焦点接着斑を通って細胞骨格に伝達される．せん断応力で焦点接着斑にあるfocal adhesion kinase（FAK）がチロシンリン酸化を起こし，それがGrb2，SOSを介してERKやJNKが活性化する．細胞表面のインテグリン分子に，抗体を使って磁性体ビーズを結合させ，それを磁場で捻転することでインテグリン分子に直接せん断応力を加えると，細胞が硬くなる反応が起こる．この反応は，アクチンフィラメント，微小管（microtubule），中間径フィラメント（intermediate filament）を，それぞれ分解するサイトカラシン，ノコダゾール，アクリルアミドの処理で著明な抑制を受ける．また，せん断応力は，インテグリンを介して低分子量Gタンパク質であるRhoAを活性化し，アクチン脱重合作用のあるコフィリンを活性化することで，アクチンの再構築を起こす．せん断応力により，β1インテグリンが細胞膜陥凹構造物であるカベオラ（caveolae）に移行し，それがカベオラの構成タンパク質であるカベオリン-1のチロシンリン酸化を起こし，srcの活性化，ひいてはMLCK（myosin light chain kinase）を介して，ストレスファイバーの形成につながると考えられている．

細胞間接着部位に存在する接着分子platelet endothelial cell adhesion molecule-1（PECAM-1）は，せん断応力でリン酸化し，それが低分子量Gタンパク質Rasを通してERKの活性化が起こる．PECAM-1分子に磁性体ビーズをつけてメカニカルストレスを与えると，リン酸化してERKの活性化が起こることから，PECAM-1自身がメカノセンサーとしてはたらく可能性が示唆されている．

細胞間の接着結合（adherence junction）の主要タンパク質で，内皮細胞に特異的に発現する接着分子VE-cadherinは，細胞内でβ-cateninやplakoglobinなどを介して細胞骨格とつながっている．このVE-cadherinが，PECAM-1とVEGF受容体と複合体を形成して，せん断応力のセンシングに関わることが示された．ここでは，PECAM-1がせん断応力を直接伝達する役割を，VEGF受容体がPI3キナーゼを活性化する役割を，VE-cadherin が複合体のアダプターとしての役割を果たす．VE-cadherin あるいは PECAM-1 を欠損した内皮細胞では，せん断応力によるインテグリンや PI3 キナーゼや Akt の活性化やアクチンフィラメントが流れの方向に配列する反応が起こらなくなる．

5.5.4◆グリコカリックス

血管内皮表面には糖タンパク質（proteoglycan）の層が存在し，その厚さは太い血管では数十 nm，微小血管では 0.5～1 μm と考えられている．せん断応力が作用すると，糖タンパク質の構造が変化して，イオンやアミノ酸や細胞増殖因子の局所的な濃度勾配や輸送に影響して，あるいは糖タンパク質の細胞内ドメインと連結している細胞骨格に張力がはたらいて，せん断応力のセンシングが行われると考えられている．イヌから摘出した大腿動脈を灌流する実験で，血管内皮のヒアルロン酸糖タンパク質を分解すると，せん断応力による NO 産生が 20％ほど低下する．また，培養内皮細胞の表面に存在するヘパラン硫酸糖タンパク質を分解すると，せん断応力による NO 産生が著明に減少する．

5.5.5◆一次繊毛

一次繊毛（primary cilia）は，細胞膜の突起物で，細胞内は微小管とつながっている．一次繊毛が，ヒトの大動脈の内皮細胞や臍帯静脈内皮細胞，胚から得られた内皮細胞に存在することが確認されており，これがせん断応力のセンシングに関わることが指摘されている．一次繊毛を有する内皮細胞にせん断応力を作用させると，転写因子 KLF2 の発現が著明に増加するが，繊毛がない，あるいは化学的処理で繊毛を除いた内皮細胞では，その反応が大きく減弱する．一次繊毛がせん断応力を認識する仕組みは，繊毛がせん断応力で下流側に曲げられることで，微小管を介して，細胞内のアクチンフィラメントや中間径フィラメントの変形が惹起されることや，繊毛に存在するイオンチャネルが開いて Ca^{2+} が流入することが想定されている．後者の反応に，TRP チャネルファミリーに属するカチオンチャネル polycystin-2 と，膜貫通タンパク質である polycystin-1 がはたらいている．これらの分子を欠損する内皮細胞では，せん断応力に対する Ca^{2+} 反応や NO 産生反応が消失する．

5.5.6◆カベオラ

カベオラ（caveolae）は，コレステロールやスフィンゴリン脂質が豊富な細胞膜のフラスコ状陥凹構造物で，内皮細胞においては，血管内腔側から細胞下組織側へ物質を輸送（potocytosis）するはたらきがある．このほか，カベオラには，多くの受容体やイオンチャネルや情報伝達因子が集積し，外来性の情報を細胞内部に入れる「プラットフォーム」としてのはたらきもあり，せん断応力のメカノトランスダクションにも重要な役割を果たす．ウシの大動脈の内皮細胞で，細胞膜のコレステロールを除去する β-cyclodextrin でカベオラの構造を破壊すると，せん断応力による ERK の活性化が起こらなくなる．同様に，ラットの肺の灌流実験で，コレステロールに結合する filipin でカベオラの構造を破壊すると，流れ刺激による Ras-Raf-MAP キナーゼ径路の活性化が起こらなくなる．また，siRNA により，カベオラの構成タンパク質であるカベオリン－1 を減少させると，せん断応力によるミオシン軽鎖のリン酸化が減弱することや，カベオリン－1 の抗体で内皮細胞を処理すると，せん断応力による ERK の活性化が有意に抑制されることが示されている．カベオリン－1 のノックアウトマウスでは，血流減少による血管径の縮小反応や，血流増加による血管拡張反応が障害され，一方，そのマウスの血管内皮にカベオリン－1 を発現させると，それらの障害が回復することから，カベオラが血流のセンシングに深く関わると考えられている．

せん断応力が誘発する細胞内 Ca^{2+} 濃度の上昇反応がカベオラから開始され，それが Ca^{2+} 波として細胞全体に伝搬する[17]．Ca^{2+} 反応がカベオラから起こるのは，せん断応力による内因性 ATP 放出がカベオラから局所的に起こり，その ATP が近傍の P2X4 チャネルを活性化するためである[18]．遺伝子工学的に作製したビオチン・ルシフェラーゼタンパク質を，ビオチン化した細胞膜にアビジンを介して高密度に結合させ，細胞表面で ATP が惹起するルシフェリン・ルシフェラーゼ反応で発生する化学発光を高感度 CCD カメラで測定することで，ATP 放出の実時間イメージングが行われた．図 5.9(a) は，せん断応力負荷前（コントロール）と，負荷 5 ～10 秒後を示している．せん断応力が作用すると，即座に，ヒト肺動脈内皮細胞全体からびまん性に ATP が放出されるとともに，細胞辺縁から局所的に高濃度（数十～数百 μM で ATP 受容体の活性化に十分な濃度）の放出が起こった．高濃度の局所的 ATP 放出部位は，カベオラの構成タンパク質であるカベオリン－1（抗体で免疫染色）が密に分布する部位と一致した（図(b)）．また，同一細胞で行った ATP 放出と，細胞内カルシウム濃度変化のイメージングにより，せん断応力がカベオラから局所的な ATP 放出を起こし，そこから Ca^{2+} 反応が始まり，それが Ca^{2+} 波として細胞全体に伝搬するのが観察された（図(c)）．せん断応力により ATP が放出される仕組みは現時点ではまだよくわかっていないが，ATP を含む小胞からの分泌の促進や，カベオラに分布する ATP 合成酵素による ATP 産生などが想定されている．

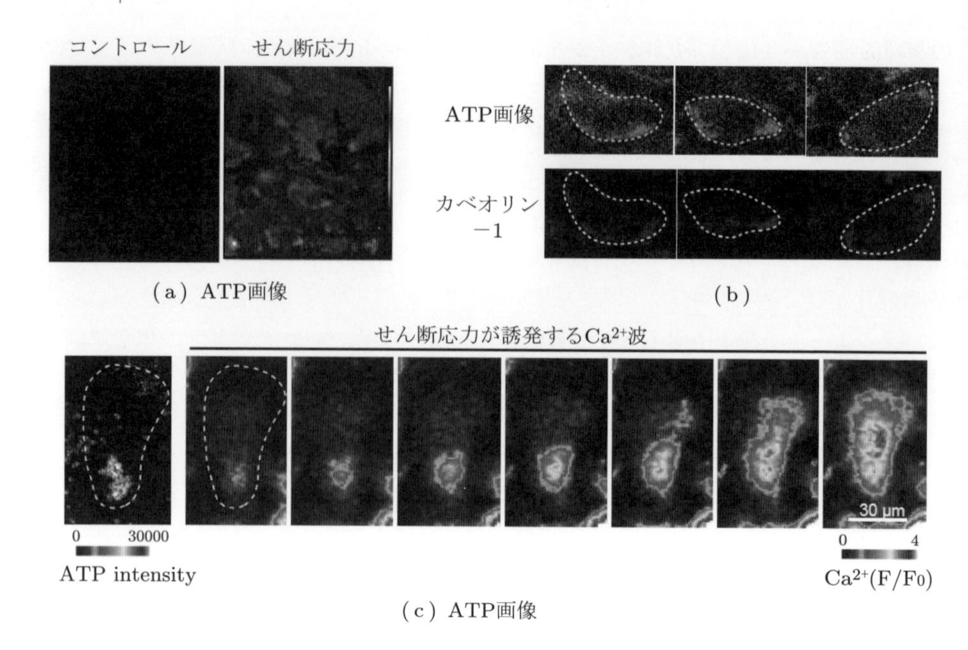

図5.9　カベオラで起こるATP放出と Ca^{2+} 波[18]（カラー口絵 p. VII）

5.5.7 ◆ 細胞骨格

細胞の形態を保持しているのは，アクチンフィラメント，中間径フィラメント，微小管などの細胞骨格である．細胞がある形態をとるということは，細胞骨格間に力学的な均衡がとれていることを意味している．これを，細胞のテンセグリティ（tensegrity，tension intergrity）モデルとよんでいる．せん断応力がテンセグリティを介して，直接細胞に認識される機構の存在が考えられている．せん断応力による内皮細胞のNO産生や，エンドセリン-1の遺伝子発現などに，細胞骨格が重要な役割を果たすことが示されている．

5.5.8 ◆ 細胞膜

細胞膜はリン脂質分子の連続した二重層でできており，そのなかにコレステロールやさまざまなタンパク質が埋め込まれている．細胞膜は流動的構造をとり，脂質やタンパク質分子は，膜内を速やかに動くことができる．リン脂質二分子層は規則正しく配列して結晶状態にあり，その内部は液体に近いので液晶（liquid crystal）といわれるが，その液晶としての物理的性質は，さまざまな要因（脂質の構成・密度，コレステロール，水分量，イオン濃度，温度，pHなど）により変化する．細胞膜の物理的性質の変化は，膜分子の活性に影響を及ぼすことから，せん断応力により細胞膜自体の物理的性質が変化し，それがさまざまな膜分子・ミクロドメインの構造や，機能の変化を惹起する可能性がある．実際，せん断応力が細胞膜の流動性を変化させること，また，細胞膜の物理的性状をコレステロールの除去や添加で修飾すると，せん断応力に対する内皮細胞応答が変化することが示された．ヒト臍帯静脈内皮細胞の細胞膜の流動性を蛍光色素 DCVJ で測定した結果では，せん断応力の強さ依存性に膜の流動性が増加（2.6 Pa で 22% の増加）する．また，ウシ大動脈内皮細胞で，蛍光色素（$DiIC_{18}$）を用いた FRAP（fluorescence recovery after photobleaching）法による解析では，1.0 Pa のせん断応力では上流側の膜の流動性は増加するが，下流側では減少すること，他方，2.0 Pa では上，下流とも流動性が増加することが観察された．これは，せん断応力負荷 10 秒以内に起こる速い反応である．細胞膜は，内部の水分の多寡により，秩序液体相（liquid-ordered phase）と無秩序液体相（liquid-disordered phase）の状態が混在しているが，こうした膜の物理的性質（lipid order）がせん断応力により変化することが示された[19]．せん断応力が作用すると，秩序液体相にあるカベオラが集積する膜の性質が，即座に無秩序液体相に変化する．こうした細胞膜の物理的性質の変化は，リン脂質とコレステロールからなるリポソームにせん断応力を作用させたときにも観察されることから，細胞の受容体や細胞骨格や生命活動とは関係しない物理現象と考えられる．

5.6 内皮細胞の力学応答と循環調節

個体レベルの循環調節に果たす内皮細胞のメカノトランスダクションの役割が，遺伝子欠損マウスで明らかにされた[20]．せん断応力の Ca^{2+} シグナリングに中心的な役割を果たす P2X4 の遺伝子欠損マウスは，外見上，正常なマウスと変わらないが，培養した血管内皮細胞にせん断応力を作用させても Ca^{2+} 反応が起こらない．また，正常マウスではせん断応力の強さに依存した NO 産生反応が起こるが，遺伝子欠損マウスでは NO 産生反応が障害されていた．図 5.10(a)の左図は，培養内皮細胞における NO 感受性色素 DAF2 の蛍光画像，右図はせん断応力を増加させたときの NO 産生量の変化を示す．生体顕微鏡下でマウスの挙睾筋の細動脈を観察しながら，分岐の片方をガラス棒で圧迫して血流を止め，もう一方の分岐の血流を増加させると，正常マウスでは，血流の増加に反応して血管拡張が生じたが，遺伝子欠損マウスでは，その反応が著明に減弱していた．マウスの胸部大動脈に圧力トランスデューサーを埋め込んで，テレメトリーで意識下の血圧をモニターすると，明らかに遺伝子欠損マウスが正常マウスよりも血圧が高いことが示された．図(b)は，P2X4 欠損マウスにみられる血管リモデリングの異常を示している．マウスの左外頸動脈を結紮すると，左総頸動

(a)

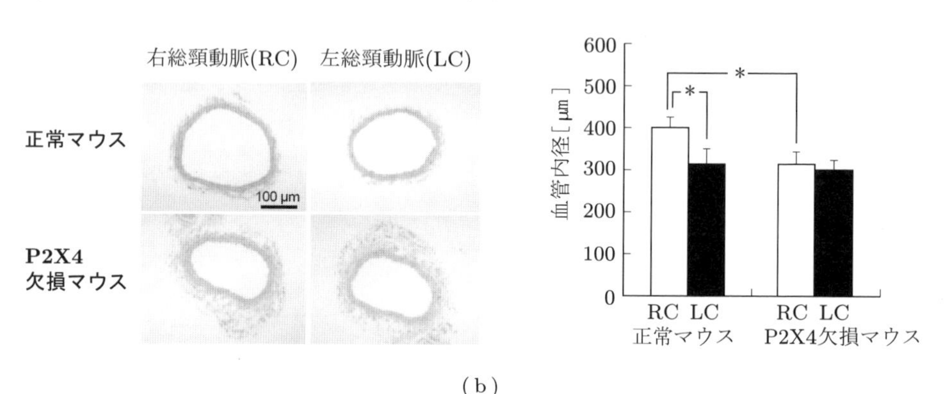

(b)

図 5.10　せん断応力の Ca^{2+} シグナリングが，循環系で果たす生理学的役割[20]（カラー口絵 p. VII）

脈（LC）の血流が低下する．正常マウスでは，結紮して2週間後の総頸動脈の径は明らかに減少するが，遺伝子欠損マウスでは，径の減少が起こらなかった．左図は，結紮2週間後の病理標本写真，右図は定量化した動脈内径の変化（＊は統計的に有意差のあることを示している）を示す．こうした血流依存性の血管リモデリングの障害は，NO 合成酵素の遺伝子欠損マウスでも観察されている．したがって，P2X4 を介したせん断応力の Ca^{2+} シグナリングは，血管内皮の NO 産生を介して，血圧の調節や血流依存性の血管拡張反応や血管リモデリングに重要な役割を果たしていると考えられる．

5.7 おわりに

多くの研究により，内皮細胞のメカノトランスダクションの仕組みが次第に明らかになってきた．その特徴は，ほぼ同時にさまざまな膜分子が活性化し，その下流で多岐にわたる情報伝達が行われることである．この仕組みとして，最初に細胞膜の物性の変化が起こり，それが細胞膜の分子やミクロドメインを活性化している可能性がある．また，せん断応力のセンシングを考えるとき，in vivo では，常にせん断応力と伸展張力が同時に作用していることを考慮する必要がある．伸展張力は，物理力としてせん断応力の約 1 万倍強い刺激であり，内皮細胞を心拍動と同じ回数，細胞全長の数%～10%も変形させる．内皮細胞はこの大きな変形のもとで，微弱なせん断応力をセンシングしなくてはならない．こうした特徴をもつせん断応力のセンシング機構の詳細は，まだ明らかになっていない．今後，この問題が解明されると，血流を介した循環系の機能の制御機構の理解がより深まるだけでなく，血流の増加をともなう運動が生体に及ぼす有益な効果の発現の仕組みや，血流依存性に発生する粥状動脈硬化，高血圧，血栓症といった血管病の病態の解明にも貢献すると思われる．また，せん断応力のセンシングを人工的に修飾できる手段がみつかると，新しい血管病の予防・治療法の開発につながる．さらに，血管にとどまらず，メカニカルストレスに絶えずさらされる多くの細胞・組織の形態や機能の制御機構の解明にもつながり，遺伝情報と力学場を含む環境要因との相互作用から成り立つ生命現象の包括的理解にも役立つと思われる．

参考文献

[1] Thoma, R. Untersuchungen uber die histogenese und histomechanik des gefassystems, Stuttgart. Enke Verlag. 1893.
[2] Kamiya, A. Togawa, T. Adaptive regulation of wall shear stress to flow change in the canine carotid artery, Am. J. Physiol. 239, H14-21, 1980.
[3] Chiu, J. J. Chien, S. Effects of disturbed flow on vascular endothelium: pathophysiological basis and clinical perspectives, Physiol. Rev. 91, 327-387, 2009.
[4] Yamamoto, K. Ando, J. Differentiation of stem/progenitor cells into vascular cells in response to fluid mechanical forces, J. Biorheol. 24, 1-10, 2010.
[5] Sato, M. Ohshima, N. Flow-induced changes in shape and cytoskeletal structure of vascular endothelial cells, Biorheology 31 143-153, 1994.
[6] Masuda, H. Kawamura, K. Tohda, K. Shozawa, T. Sageshima, M. Kamiya, A. Increase in endothelial cell density before artery enlargement in flow-loaded canine carotid artery, Arteriosclerosis. 9, 812-823, 1989.
[7] Ando, J. Nomura, H. Kamiya, A. The effect of fluid shear stress on the migration and proliferation of cultured endothelial cells, Microvasc. Res. 33, 62-70, 1987.
[8] Korenaga, R. Ando, J. Tsuboi, H. et al. Laminar flow stimulates ATP- and shear stress-dependent nitric

oxide production in cultured bovine endothelial cells, Biochem. Biophys. Res. Commun. 198, 213–219, 1994.

[9] Ando, J. Tsuboi, H. Korenaga, R. et al. Shear stress inhibits adhesion of cultured mouse endothelial cells to lymphocytes by downregulating VCAM-1 expression, Am. J. Physiol. 267, C679–687, 1994.

[10] Ohura, N. Yamamoto, K. Ichioka, S. et al. Global analysis of shear stress-responsive genes in vascular endothelial cells, J. Atheroscler. Thromb. 10, 304–313, 2003.

[11] Ando, J. Tsuboi, H. Korenaga, R. et al. Differential display and cloning of shear stress-responsive messenger RNAs in human endothelial cells, Biochem. Biophys. Res. Commun. 225, 347–351, 1996.

[12] Ando, J. Korenaga, R. Kamiya, A. Flow-induced Endothelial Gene Regulation. In: Lelkes, P. I. ed. Mechanical Forces and the Endothelium, Singapore, Harwood academic publishers. 111–126, 1999.

[13] Toda, M. Yamamoto, K. Shimizu, N. et al. Differential gene responses in endothelial cells exposed to a combination of shear stress and cyclic stretch, J. Biotechnol. 133, 239–244, 2008.

[14] Sokabe, T. Yamamoto, K. Ohura, N. et al. Differential regulation of urokinase-type plasminogen activator expression by fluid shear stress in human coronary artery endothelial cells, Am. J. Physiol. Heart Circ. Physiol. 287, H2027–2034, 2004.

[15] Ando, J. Yamamoto, K. Flow detection and calcium signaling in vascular endothelial cells, Cardiovasc. Res. 99, 260–268, 2013.

[16] Yamamoto, K. Korenaga, R. Kamiya, A. Ando, J. Fluid shear stress activates Ca^{2+} influx into human endothelial cells via P2X4 purinoceptors, Circ. Res. 87, 385–391, 2000.

[17] Isshiki, M. Ando, J. Korenaga, R. et al. Endothelial Ca^{2+} waves preferentially originate at specific loci in caveolin-rich cell edges, Proc. Natl. Acad. Sci. USA. 95, 5009–5014, 1998.

[18] Yamamoto, K. Furuya, K. Nakamura, M. Kobatake, E. Sokabe, M. Ando, J. Visualization of flow-induced ATP release and triggering of Ca^{2+} waves at caveolae in vascular endothelial cells, J. Cell Sci. 124, 3477–3483, 2011.

[19] Yamamoto, K. Ando, J. Endothelial cell and model membranes respond to shear stress by rapidly decreasing the order of their lipid phases, J. Cell Sci. 126, 1227–1234, 2013.

[20] Yamamoto, K. Sokabe, T. Matsumoto, T. et al. Impaired flow-dependent control of vascular tone and remodeling in P2X4-deficient mice, Nat. Med. 12, 133–137, 2006.

第6章 細胞の力学刺激にともなう器官形成

執筆担当：谷下一夫，須藤亮

6.1 はじめに

日本臓器移植ネットワークには臓器移植を希望される方が登録されているが，2015年8月までの累積登録数は44,474件で，そのうち死亡移植をされた方は累積で4,236件，生体移植をされた方は累積で2,919件となっており，ドナー不足を物語っている．さらに，臓器移植を行っても，免疫拒絶反応のおそれがある．一方，医療機器の進歩が目覚ましく，人工心臓や人工透析などにより延命が可能になっているが，患者の負担はかなり大きい．そこで注目すべきは，臓器を再生する革新的な治療法「再生医療」[1]である．再生医療の場合，通常では，自分自身の細胞を増殖させて臓器を構築させるので，拒絶反応の問題が解決される．とくに，山中伸弥博士によってiPS細胞(induced pluripotent stem cell)[2]が発見され，人間の皮膚からあらゆる細胞に分化する可能性があることから，再生医療技術の可能性が加速的に拡大して，将来の医療現場を革命的に変革することが予想されている．再生医療のなかでも，生体外で組織を再構築させて生体内に移植することを目的として，「組織工学（ティッシュエンジニアリング，tissue engineering)」の研究が盛んに行われており，iPS細胞や種々の幹細胞をもとにした将来の移植治療として，臨床医学者のみならず，基礎医学者，理工学部分野の研究者が大きな関心を寄せている[3]．

これまで，生体組織の再生技術が医療現場で実用化されているのは，皮膚と角膜である．皮膚に関しては，自家培養表皮としてすでに承認されており，再生技術を担う企業（株式会社ジャパン・ティッシュ・エンジニアリング）が生まれており，重症熱傷の治療に有効に使われている[4]．さらに，角膜は，温度感受性ポリマーを活用する細胞シート生成法[5]によって再形成されて，臨床的にも良好な結果を得ている．

これらは，比較的薄い膜であるため，2次元的な組織形成によって，十分にその機能を発揮できる．しかしながら，心臓や肝臓などの実質臓器となると，2次元的な組織形成では機能を発揮することができないために，3次元の組織形成が必要となる．

細胞シートを何重にも重ねることによって，次第に3次元組織を構築することができるが，血管網がないために，組織を構築するすべての細胞に酸素や栄養を供給することができない．拡散では200 μm程度の厚みが限界で，拡散だけでそれ以上の厚みのある組織を維持することはできない[6]．そこで，3次元組織形成で必要とされるのは，形成された組織内に血管網を構築することである．すなわち，血管の通った組織を再生させること（血管化，vascularization）であるが，いまだに血管の通った組織の再生には成功していない．この血管化の課題が実質臓器の再生に大きな壁となっており，世界中の研究者によって取り組まれている[7]．

血管の通った組織を再生させるためには，生体組織内での血管網再構築のメカニズムの解明と，血管網再構築の手法の開発が必要である．血管再構築は血管新生とよばれており，血管生物学分野では主要な課題であり[8, 9]，白熱する議論が展開されている領域である．これまでは，創傷治癒のメカニズム，月経排卵や腫瘍血管の増殖に大きな関心がもたれており，さまざまな研究が行われてきている．血管新生を誘起する要因は，生化学的な要因[10]と力学的要因[11, 12]に大きく分けられる．増殖因子などで代表される生化学的要因に関しては，すでに多くの研究が行われており，文献[13]を参照されたい．本章では，主として血管新生の力学的要因に着目し，これまでの研究を概観して，血管の通った組織再生の可能性を展望する．

6.2　血管新生初期における出芽過程

本章では，主として血管新生の初期過程である毛細血管の出芽（スプラウト形成）によるプロセスに焦点をしぼりたい．すでに存在している毛細血管または細静脈から活性化された血管内皮細胞によって，周りのマトリックスを通り抜けて新しい血管が形成されるプロセスである血管新生（angiogenesis）を考える．出芽過程は，複雑ないくつかのプロセスから構成される．血管内表面の一つまたは数個の内皮細胞は，細胞を裏打ちする細胞外マトリックス（extra cellular matrix: ECM）を酵素的に融解させ，血管内皮細胞を遊走させるための空間をつくる．この先端の細胞 tip cell にほかの血管内皮細胞が引き寄せられて，初期の出芽のための柄 stalk cell となる．stalk cell の細胞質に小胞が形成されることよって，内腔が形成される．さらに，隣接した先端の細胞は，連続的な導管を形成して，ペリサイト（周皮細胞）や平滑筋によって安定化される[14]．血管内表面の内皮細胞層から新しい血管が生まれる状況を図6.1に示す．増殖因子であるVEGF（vascular endothelial growth factor，血管内皮細胞増殖因子）の勾配に応答するように，新しい血管である出芽が生まれる．この初期過程は，ノッチ経路（notch pathway）とよばれるシグナル伝達経路によって，統御さ

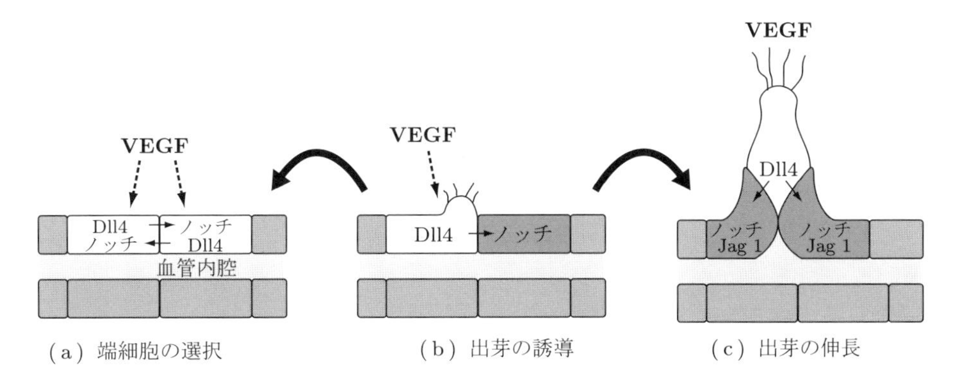

図 6.1 血管内表面の内皮細胞層から新しい毛細血管が形成される状況

れている．ノッチ経路では，ノッチとノッチ受容体である Delta-like 4（Dll4）が関わっている．隣接する内皮細胞の間での Dll4 とノッチシグナルによって，tip cell としての細胞が選択される．tip cell では，長い可動性の糸状仮足が生まれ，VEGF の勾配に向けて伸展する．最初は，Dll4 とノッチシグナルは細胞どうしの間でバランスしているが（図 6.1(a)），VEGF の影響によって Dll4 の発現が増加し，ノッチシグナルは Dll4 によって活性化される．その結果，隣の細胞での VEGF 受容体の発現が抑制されて，Dll4 が発現している細胞が VEGF にもっとも強く応答して，出芽が形成される（図(b)）．内皮前駆細胞から増殖因子 VEGF が分泌されるので，ゲル内に埋め込まれた内皮前駆細胞に 3 次元新生血管網が誘導される事実も確認されており（図 6.2），新生血管形成には増殖因子が必須となっている[16]．図 6.2 では，コラーゲンゲルの表面での内皮細胞層の蛍光画像を図(a)，(c)に示す．深さ方向の血管網の様子は図(b)，(d)である．図(c)，(d)では，ゲル内に内皮前駆細胞が埋め込まれているが，形成された血管網の深さは，図(d)の場合顕著に増加している．内皮前駆細胞から分泌される VEGF の影響によることが示された．ただ，添加された bFGF の濃度には依存していない（図(e)）．

血管新生過程の分子論的検討に関しては，文献[13, 17]を参照されたい．

6.3 血管新生を誘起する力学的要因

血管内の血流によって，血管壁には血流によるせん断応力と，圧力による法線応力が負荷されている．この課題は本書の基本的なテーマであり，せん断応力や圧力による力学的刺激の受容に関しては第 5 章で詳しく述べられているので，本章では，血管形成との関連に焦点を絞る．血管新生に関わる力学的負荷の役割に関しては，かなり

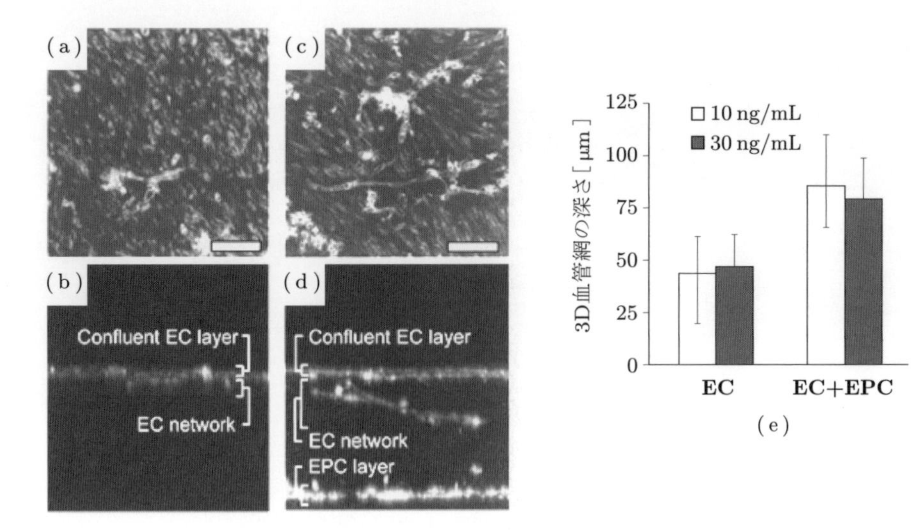

図6.2　内皮細胞層から形成された3次元血管網[16]
Confuluent EC layer：コンフルエント EC 層
EC network：EC 血管網，EPC layer：EPC 層

詳しいレビューが2005年に出版されているので参照されたい[11]．本章では，極力最近の研究の進展状況も考慮した．

内皮細胞では，直接血流からの力学的刺激を受けるが，細胞自身によって発生する力の影響も重要である．細胞によって発生する力の源は，細胞骨格であるアクトミオシンによる収縮力である[18]．細胞は，血流によって同時に外的に力学的な負荷が与えられるが，その外的な負荷と，細胞骨格によって生じる内的な負荷とのバランスが，細胞機能の決定要因となっている[19, 20]．しかしながら，これらの細胞内部で発生した力の要因と血管新生との関係はまだ十分に明らかになっているわけではなく，今後の研究成果が待たれる．細胞骨格に発生する力は細胞外マトリックスに伝播するので，細胞外マトリックスに関わる力によっても血管新生が誘起される．一方，細胞には，外的に血流からの力学的刺激が負荷されている．血流に基づくせん断応力が内皮細胞表面に負荷されるので，せん断応力によって誘起される要因が次第に明らかになっている．そこで，本章では，これらの三つの要因に関して，これまでの研究の様子をレビューする．

（1）細胞自身によって生成される力による血管新生
（2）細胞外マトリックスに関わる力によって誘起される血管新生
（3）外的に負荷される力（せん断応力）によって誘起される血管新生

6.3.1 ◆ 細胞自身によって生成される力による血管新生

細胞質内で細胞の形態の維持や細胞の運動に要する力が発生する細胞小器官は，細胞骨格とよばれる線維状のタンパク質である．細胞骨格のメカノバイオロジーに関しては，第2章，第4章で詳しく説明されているので本章では説明を省略し，血管新生に関わる部分に焦点をしぼる．

ほとんどの哺乳類の細胞は，懸濁状態では球状になるが，細胞外マトリックスに対して，細胞が細胞骨格のタンパク質を再編成して，細胞外マトリックスとの接着部位が多く形成され，その結果，細胞が接着部位の分布に沿って広がり，平坦状の形に変形する[21]．このような細胞の平坦化は，接着部位の足場に依存する細胞の特徴であるが，細胞の平坦化は，アクチン・ミオシンの収縮力によって生成される力が必要である．力を発生する線維が細胞外マトリックスと連結する部分は，焦点接着斑（focal adhesion）とよばれる．焦点接着斑の様子を図6.3に示す．焦点接着斑は，細胞膜に連結されているインテグリンの集合の部分で，細胞外には細胞外マトリックスのリガンドと連携し，細胞内ではアクチン線維の束と連結している．細胞骨格による力は，インテグリンを介して周りの細胞外マトリックスに伝達されている[22-24]．足場をもつ細胞にとって，細胞外マトリックスが外的な支持機構のはたらきをしており，細胞の形態を維持している．つまり，接着細胞は，細胞外マトリックスの変形に対する抵抗力によって張力がはたらいている状態となっている[25]．

細胞骨格の張力は一定ではなく，外部からの力学的な負荷がなくても，細胞骨格の

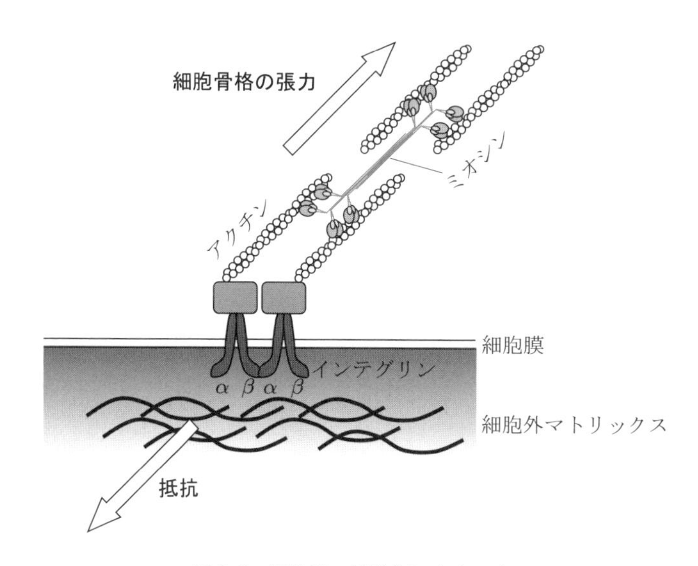

図6.3　細胞膜の接着斑にかかる力

タンパク質や焦点接着斑の再編成によって動的に変化するが，外部からの力学的な負荷や生化学的な刺激によっても変化する．細胞外マトリックスにはたらく細胞内の収縮力は traction force（牽引力）とよばれ，細胞外マトリックスの原線維 fibril の集合や遊走の原動力となっており，きわめて重要な細胞機能の一つである．牽引力は，細胞が付着するシリコーンラバー弾性膜の変形から測定する方法が考案され[26]，その大きさは，その後の測定例では数ナノ N/μm^2 の程度と示されている[17]．

血管新生における牽引力の役割は，以下のとおりである．すでに述べたように，血管新生の初期には既存の血管壁から新しい血管が生まれ，この過程は出芽(sprouting）とよばれる．図6.1で示されるように，出芽では，細胞の遊走によって新しい血管が組織中に浸透していくので，血管新生では，内皮細胞の遊走が本質的に重要であることがわかる．細胞の遊走の原動力は牽引力であり，その牽引力が血管新生に中心的な役割をしている[27]．

細胞の遊走のプロセスを図6.4に示す．血管内皮細胞の遊走プロセスは，おもに以下の六つのステップに分けることができる．

（i）糸状仮足によって細胞周囲をセンシングする．
（ii）葉状仮足による突出部が形成される．
（iii）突出部が焦点接着斑を介して細胞外マトリックスへ接着する．
（iv）ストレスファイバーを介して，細胞が収縮することで前進する．
（v）牽引力がはたらき，細胞の後部が細胞外マトリックスから剝離する．
（vi）接着やシグナル伝達に関わる分子がリサイクルされる．

ここで，アクチンのリモデリングによって，糸状仮足，葉状仮足，ストレスファイバーが形成されて，細胞の遊走に関わっている．糸状仮足は，長いアクチンフィラメントを含む膜が突出した部分で，センサーとしての役割ももっている．葉状仮足は遊走する細胞の先端での突出部で，1～5 μm の幅で，2 μm の厚さである．細胞の遊走と血管新生との関係に関しては，Lamalice らのレビュー[27]を参照されたい．

さて，細胞遊走の駆動力である牽引力によって，細胞が付着している細胞外マトリックスに力学的な負荷を与えている．細胞を，シリコーンラバーのような弾性膜上に培養すると，牽引力によってシリコーンラバー膜にしわがよる状況[25]からも明らかである．単一の細胞の牽引力の細胞外マトリックスへの影響としては，図6.5に示されるように，牽引力が細胞自身に引き込むようにはたらくので，細胞外マトリックスには放射状の張力が負荷される（図(a)）．実際，マトリゲル上で血管内皮細胞（EC）を培養すると，細長い突起（図(b)中の矢印）を介してマトリゲルに接着し，引っ張られて，しわになったマトリゲル（m）が観察される．そこにもう一つの細胞が存在すると，牽引力の影響は，二つの細胞による牽引力が重ね合わさった形になるので，

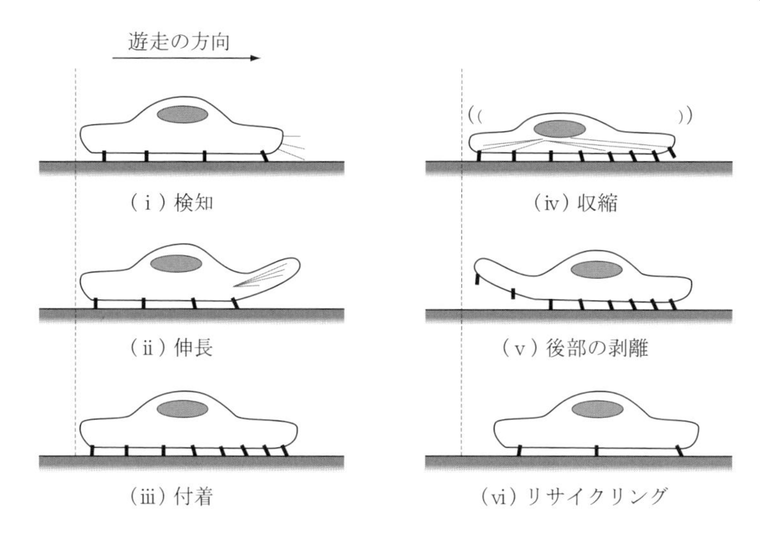

図 6.4 血管内皮細胞の遊走プロセス

二つの牽引力の中心を結ぶ線上で増強される（図(c)）．その結果，中心を結ぶ線上での基質も増強されて，細胞が連結される（図(d)）．細胞が複数存在する場合には，牽引力の中心を連結することにより，細胞のネットワークが形成される．このように，2次元的に内皮細胞のネットワークが形成される（図(e)，(f)）[28]．2次元的なネットワーク形成に細胞の牽引力がはたらいている点は，きわめて興味深い．さらに，細胞外マトリックスの力学的性質が変化すると，細胞の牽引力による応答が変化するので，結果的に内皮細胞のネットワークが変化することも予想される．

6.3.2 ◆ 細胞外マトリックスの力学的性質と血管新生との関係

図 6.3 に示されるように，細胞骨格により生じる牽引力は，インテグリンを介して細胞外マトリックスに伝わるが，細胞外マトリックスの力学的性質によって抵抗力が変化するために，牽引力も影響を受ける．足場をもつ細胞は，細胞の増殖が牽引力によって制御されて，特定な形態に発展して組織に適合する血管網を形成すると考えられる．一方で，足場での牽引力の制御を失い，増殖に歯止めがなくなる細胞が，がん細胞である[29]．ただ，細胞外マトリックスの力学的性質が血管新生に対する影響は明らかでない点が多く残されており，今後の研究が期待されるが，本節では現段階での進展に関して概観する．

細胞外マトリックスの力学的性質によって牽引力が変化する．その牽引力の定量的な力を最初に計測したのは Wang ら[30]である．Wang らは，NIH3T3 細胞と，形質転換された NIH3T3 細胞を，タイプ I コラーゲンが被覆されたポリアクリルアミドの基

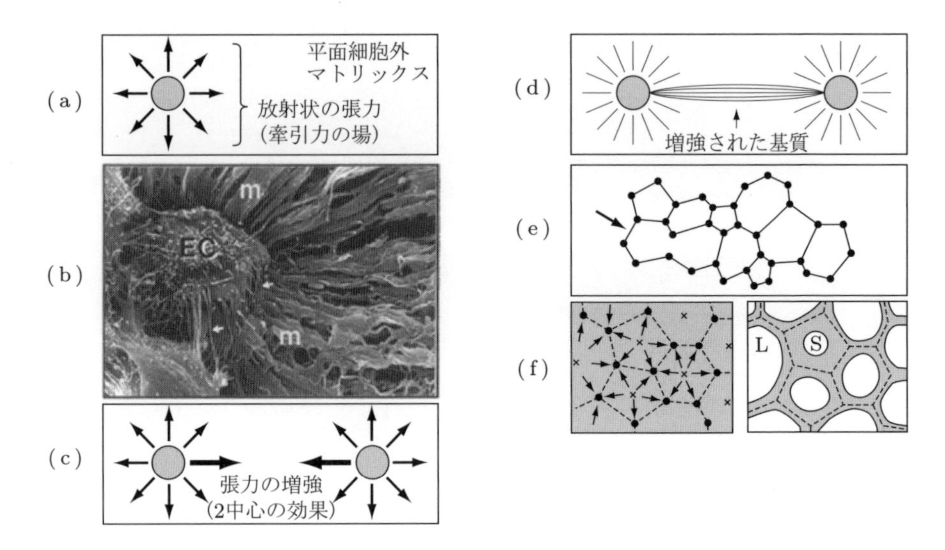

図6.5　細胞の牽引力の細胞外マトリックスへの影響[28]
(文献[28]より，Elsevier 社の許諾を得て転載)

質上で培養して，細胞の形態や機能の変化を観察した．牽引力は，Wang らが開発した牽引力顕微鏡法（traction force microscopy）によって定量的に計測され，基質の力学的性質との関係が明らかになった．その結果，正常な細胞は，基質の力学的性質から敏感に影響を受けることがわかった．基質のヤング率は，微小な鋼鉄球によってくぼむ深さから，ヘルツの式により決定した．予想どおり，基質のヤング率が高い（硬い）ほど牽引力が増大し，細胞面積がより広く拡張した．硬い基質では抵抗力（牽引力）が増大して，接着部位でのタンパク質構造変化と，伝達シグナルとなる酵素が活性化されることが考えられる．すなわち，細胞は基質の硬さを検知することにより，力学的なフィードバックが細胞の形態，増殖などを統合していると解釈されている．Wang らの結果は，内皮細胞ではないが，血管新生における基質の力学的性質の役割を検討するうえできわめて重要な知見と思われる．

Sieminski ら[31]は，内皮細胞による管腔形成の実験を行い，ゲルの硬さやゲルの拘束の有無による影響を調べた．それにより，管形成が，ゲルの硬さや拘束の有無から，顕著な影響を受けていることがわかった．すなわち，硬いゲルや拘束のあるゲルの場合には，形成された管腔の密度は少ないが，断面積が大きくなっている．さらに，硬いゲルの場合には，アクチンの分布が管腔の辺縁の画像コントラストが大きく，緻密であり，大きな牽引力が発生している可能性がある．細胞の牽引力や基質の硬さが管腔形成に直接影響を及ぼしていることは，周りの組織の力学的環境に応じて管腔の断面積が変化するので，血流の組織への配分の制御に関わっているとも解釈され，血管網形成が組織の需要に適合するメカニズムとして興味深い．

Pelham と Wang[32]は，硬さを変えられるコラーゲン被覆のポリアクリルアミドの基質上で，腎臓の上皮細胞と 3T3 線維芽細胞のふるまいを観察した．接着部位を示すビンキュリン（vinculin）は，柔らかい基質では接着部位が不規則で揺動しているが，硬い基質では接着部位が安定していた．基質の硬さが，接着部位の構造や動きに関わっていることがわかる．Deroanne ら[33]は，基質の硬さと血管の管様構造の形成との関係に関して，興味深い結果を得ている．硬さを変えられるマトリゲルの基質で，ヒト臍帯静脈内皮細胞（HUVEC）に対する影響を調べてみると，柔らかいゲルでは，内皮細胞が管様構造を形成することを見出した．管様構造をしている部分には，アクチンフィラメントが強固に構造を保っていることや，ビンキュリンが管の周囲に明瞭に分布している様子も確認されている．このことから，基質の硬さの情報がビンキュリンを介してしっかりと細胞内に伝わっているため，管様構造を形成するように，細胞内のシグナル伝達のスイッチがはたらくと解釈している．スイッチの実体は明らかにされていないが，基質の力学的性質の役割に関して，著者らは重要な指摘をしている．

ビンキュリンは，焦点接着斑においてインテグリンと細胞骨格を連結する重要なタンパク質であり，細胞の形状，力学や葉状仮足の形成に関わっている．逆に，ビンキュリンが欠乏していると，葉状仮足が十分に形成できないために細胞が拡張できないことが確認され，細胞の形態の維持に，ビンキュリンがきわめて重要な役割をしていることが明らかになった[34]．Reinhart-King ら[35]は，複数の内皮細胞との間の相互作用に基質の硬さが関わっているという興味深い結果を得ている．柔らかい基質では，細胞による牽引力により基質にひずみが生じ，これをほかの細胞が感知して，両細胞との間に相互作用が生じる．すなわち，基質を介して，細胞が力学的に連携する機能を有しているわけである．

Yamamura ら[36]は，コラーゲン重合の段階の pH を変化させることにより，コラーゲンの硬さを変えて，内皮細胞の毛細管ネットワーク形成の実験を行った．コラーゲンゲルの弾性係数は，pH が 5 と 9 のときとでは，4.8 倍の違いであった．血管内皮細胞を用いて，コラーゲンゲル内での 3 次元的な毛細管網を形成させて，その違いを調べた．図 6.6 に示すように，柔らかいゲルでは密な分布の毛細管網（図(a)）が形成されたが，3 次元的には深く浸透しなかった（図(c)）．一方，硬いゲル内での毛細管網の密度は低い（図(b)）が，深く浸透した（図(d)）．硬いゲル内で形成された管腔は複数の細胞から形成されているが，柔らかいゲルでの管腔では，小さな空胞（vacuole）であった．とくに注目すべきは，図 6.7 に示すように，細胞外マトリックスの硬さの違いによって，焦点接着斑タンパク質のビンキュリンの発現に顕著な違い

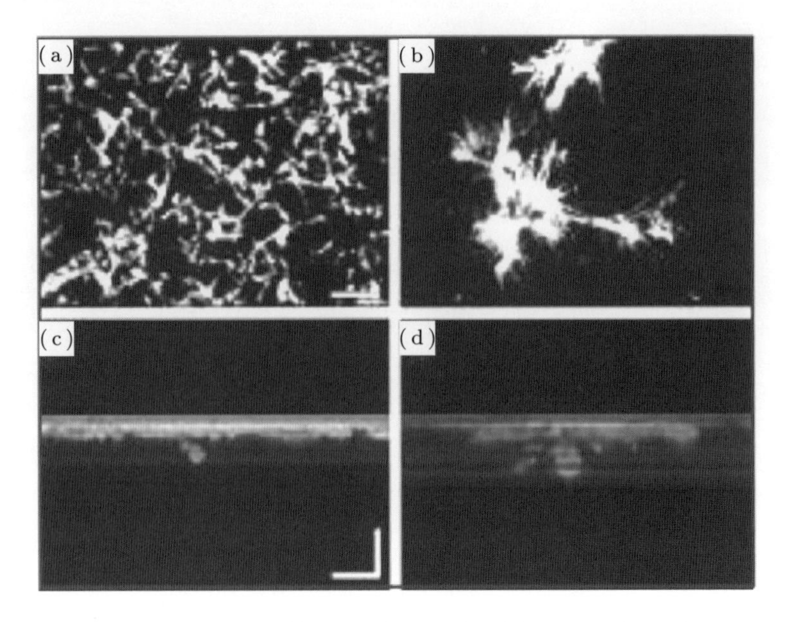

図6.6　柔らかいゲル(a), (c)と硬いゲル(b), (d)の内部で形成された3次元血管網の様子[36](スケールバー：100 μm)

がみられたことである．柔らかいゲル内での管腔では，ビンキュリンの発現が比較的低い（図(a)）が，硬いゲルでは，とくに，偏縁部できわめて高く発現している（図(e)）．同時に，アクチンの発現は，硬いゲルにおいて，細胞の偏縁部で明確に発現している（図(f)）．これらの結果から，牽引力が硬いゲルに相応して生じており，牽引力を支えるために強固な焦点接着斑が形成されたと思われる．硬いゲルでは，毛細管網の数は少なくなるが，管腔が大きくなるという Sieminski らの結果と傾向が一致している．

最近，Edgar ら[37]が，新生血管と基質との間での力学的相互作用に関してレビューを発表している．レビューでは新生血管が，細胞から生じる牽引力によって基質を再編成し，基質の力学的性質が新生血管の成長や配向に影響を与えるので，新生血管と基質との間の力学的関わりがきわめて重要となると指摘されている．

このように，新生血管形成過程では，細胞による牽引力と関わりながら，基質の硬さが内皮細胞の再編成に影響を及ぼしている様子が明らかになっているが，基質の硬さと血管新生の分子メカニズムに関しては，不明な点が多く残されている．今後，さらなる研究が必要であろう．

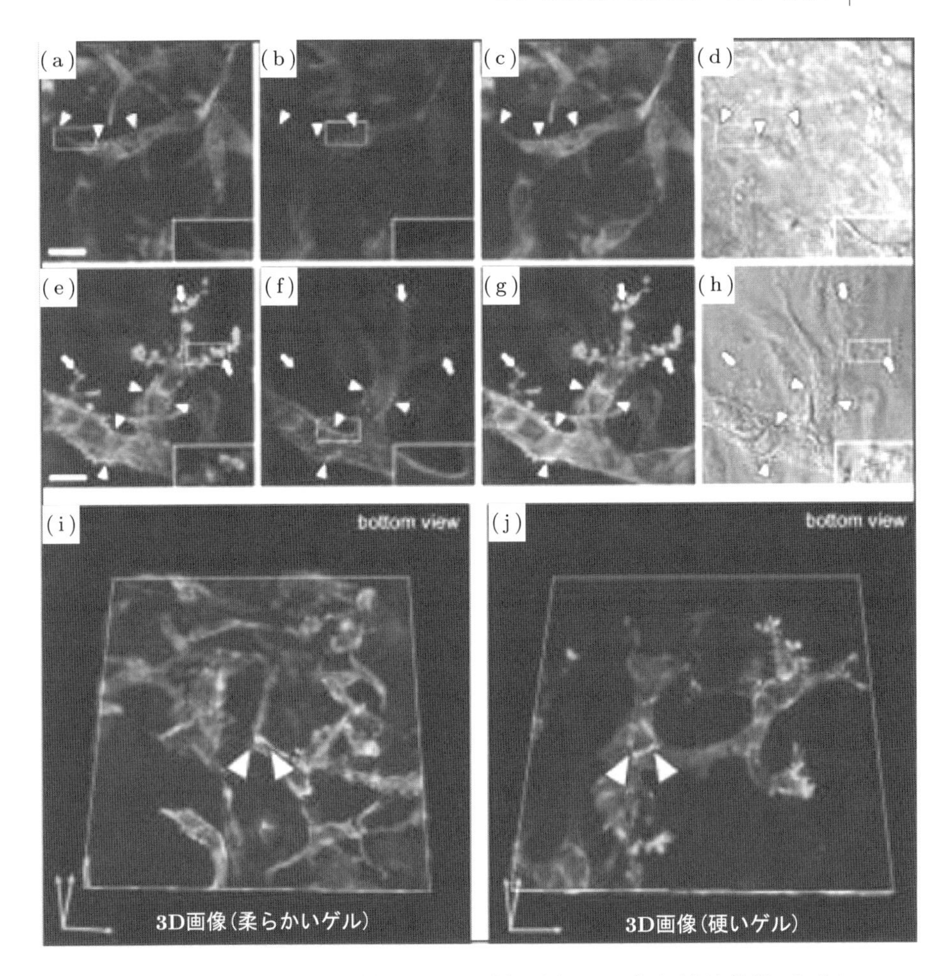

図 6.7 柔らかいゲル(a)〜(d)と硬いゲル(e)〜(h)の，3次元毛細血管網における
アクチンとビンキュリンの発現の様子[36](カラー口絵 p. VIII)

6.3.3 ◆ せん断応力負荷によって生じる血管新生

血流によるせん断応力と，血管壁のストレッチ（ひずみ）による力学的刺激が，血管新生を促進するという事実が実験的に明らかにされ，外的に負荷される力によって生じる血管新生に注目が集まっている．図 6.8 に血流によるせん断応力の刺激による血管新生の概念図を示す[38]．血流によるせん断応力の刺激と，血管壁内における増殖因子の濃度勾配によって，内皮細胞が活性化して，細胞外マトリックスを通過して出芽を開始する（図 6.8 の①，②）．出芽のプロセスは，図 6.1 に示される状況と同じで，内皮細胞が遊走しながら内腔を形成して，tip 細胞が先頭を進む③．さらに，形成

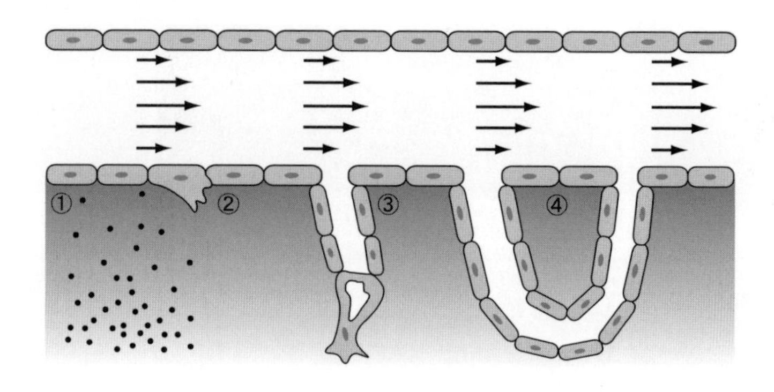

図6.8　血流によるせん断応力の刺激による血管新生の概念図

された複数の新生血管が結合して，新たな血管網を形成している④.

Clarkら[39]は，1910年代に，毛細血管形成に血流が関わっていることを最初に見出した．オタマジャクシの尻尾の毛細血管が，流れの速度の高い部分では出芽が豊富に現れ，低い速度の部分はその逆となる事実を見出している．その後，in vivoの研究として，ラットの骨格筋[40]や，ウサギの耳のチャンバーによる観察[41]が行われている．血管の弛緩剤を投与することによって，長期的な高い血流速度を維持することができ，その状態では，毛細血管の数が増加している．このようなin vivoでの観測により，血管新生が血流によって促進されている事実が多く確認されているが，その詳細なプロセスを明らかにするためにin vitro実験が行われた．

in vitro実験による新生血管形成の観測では，いろいろな方法が試みられている．平面的（2次元的）な基質上での血管形成，大動脈リングによる血管形成，断片化された毛細血管からの血管形成，スフェロイド（spheroid，細胞が3次元状に凝集した状態）による血管形成，さらに，一定な厚みのゲル上での血管形成（3次元的）などのアプローチが挙げられる[38]．新生血管形成の過程を明らかにするためには，なるべく単純な条件のもとでの血管形成を詳しく調べることが先決と思われるので，ここでは，2次元的な血管形成と3次元的なアプローチにしぼりたい．

まず，血管形成に関するin vitro実験として，Montesanoら[42]の実験が有名である．Montesanoらは，コラーゲンゲルの表面に内皮細胞層を形成させてから，その上にコラーゲンゲルを被せた結果，2次元的に広がっている内皮細胞層が，血管網に転換することを示した．また実験では，きちんと内腔が形成されていることを確認している．内皮細胞は極性を有しているため，内腔側（apical side）にコラーゲンゲルを被せることによって，新しい内腔側を確保できるように，内皮細胞が管腔を形成したと理解できる．細胞の極性制御のメカニズムは明確ではないが，常に極性を維持するように，形態を制御している状況を利用するという点で，興味深いアプローチと思われる．

血流のせん断応力負荷によって血管形成が生じる実験を最初に行ったのは，Gloeら[43]である．Gloeらは，ラミニンを被覆した平板上の内皮細胞に1.6 Paのせん断応力の刺激を6時間負荷してから静置状態で培養したところ，tubulogenesis†が見出された．せん断応力の刺激を受けたことによって，血管新生因子の一つである線維芽細胞増殖因子（basic fibroblast growth factor: bFGF）の分泌を促し，血管形成が生じたと考えられる．bFGFの分泌は，インテグリンと関わっていることを示した．とくに，細胞と細胞外マトリックスとの間で，せん断応力とインテグリンが関わる相互作用でbFGFが放出されている．

内皮細胞にせん断応力の刺激を負荷して新生血管の様子を観測するためには，平行平板流路が用いられる．Uedaら[44]は，血管内皮細胞に流れのせん断応力の刺激を負荷させることにより，ゲル内に3次元的な血管網形成が増大されることを示した．図6.9に示すように，0.3 Paのせん断応力を48時間負荷させて，ゲル内の血管網を3次元的に観測したところ，48時間後には，無負荷の場合に比べて血管網の全長が約2倍に増加した．さらに，遊走速度が，無負荷の場合と比べて顕著に増加していることがわかった．流れの負荷によって3次元的新生血管網が大幅に増加する結果を示した研究としては，Uedaらの取り組みが最初である．その後，Kangら[45]は，せん断応力の負荷と増殖因子sphingosine-1-phosphate（S1P）とのシナジー効果に着目した実験を行った．0.53 Paのせん断応力の負荷では，S1Pの影響が顕著に表れ，ゲル内に深く浸透する新生血管の数がもっとも多くなった．

せん断応力負荷によって血管網形成が促進される実験事実が示されているが，その詳細なメカニズムが明らかになっていない．一方，すでに述べたように，血管新生を形成する要因として，せん断応力負荷による増殖因子の分泌と細胞遊走の役割が指摘されている．なかでも，細胞遊走に関しては多くの研究が行われており，せん断応力負荷による血管網形成のメカニズムの一端を明らかにできる可能性がある．そこで，せん断応力負荷による細胞遊走への影響に関する研究成果を概観したい．

Cullenら[46]は，血管内皮細胞に0.1～2.0 Paのせん断応力を2～24時間まで負荷させてから，マトリゲル上での血管新生と遊走を計測した．その結果，血管新生と遊走は，Gタンパク質に依存して増加した．Tresselら[47]は，同様なアプローチで，定常なせん断応力と拍動流によるせん断応力を負荷させて，マトリゲルによる血管形成の状態を調べた．その結果，拍動流の負荷によって生じたangiopoietin-2が，遊走と

† tubulogenesis 管形成：既存の血管から新たな毛細血管が形成される血管新生（angiogenesis）と異なり，内皮細胞どうしの相互作用により毛細血管が形成されることを意味する．

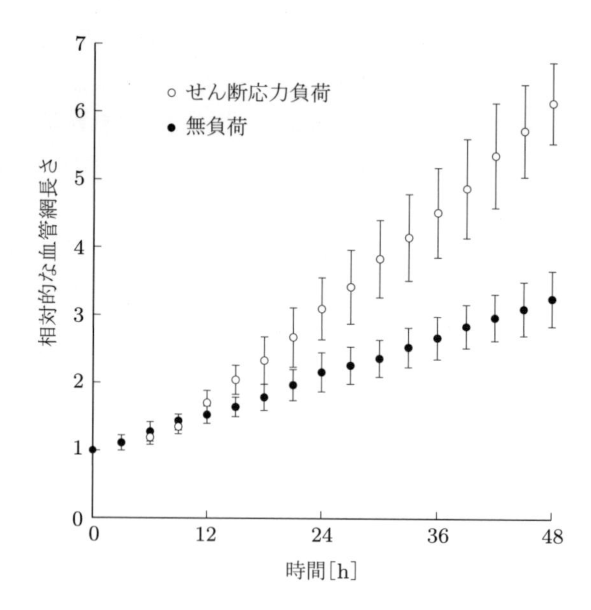

図6.9　ゲル表面の内皮細胞層に負荷した流れのせん断応力刺激と，ゲル内に形成された毛細血管網の関係[44]

血管形成に主たる役割を演じていることが明らかになった．せん断応力の負荷によって細胞の遊走が促進されるメカニズムとして，Shiu ら[48]は，Rho GTPase の役割に注目した．タンパク質 Rho は，せん断応力の刺激によって，細胞骨格の配向や遊走の方向に対して影響を与えることが知られている．そこで Shiu らは，内皮細胞にせん断応力の負荷を与え，細胞の遊走速度の増加や細胞の牽引力増加を牽引力顕微鏡法によって確認した後，Rho を不活性化させると，それらが著しく減少する結果を見出した．Shiu らは，せん断応力負荷による遊走速度の増加は，Rho のシグナル伝達経路によって生じる牽引力によると解釈している．

細胞の遊走に関しては，Li ら[49]のレビューでよくまとまっているので参照されたい．Li らは，以下のように遊走とせん断応力との関係をまとめている．内皮細胞によるせん断応力刺激の受容機構の結果，遊走の先端部における葉状仮足の突出，焦点接着斑の形成が促進されるが，尾部では焦点接着斑の解離が生じている．その結果，細胞が遊走するわけである．遊走に関わるシグナル伝達経路の活性化が局在化することにより，流れ方向への内皮細胞の遊走が持続される．さらに，Rho GTPase，細胞骨格や先端部の焦点接着斑から構成されるポジティブフィードバックが重要な役割を演じている．血流による力学的環境が，直接的に内皮細胞の遊走に影響を与えることによって，血管新生のプロセスを統合しているという点が，きわめて興味深いと思われる．

細胞の遊走は，糸状仮足と葉状仮足の先導により進行するので，阿部ら[50]は，3次元血管新生過程で葉状仮足の状況を詳しく観測した．血管内皮細胞層に0.09～1.38 Paのせん断応力を負荷してコラーゲンゲル内に形成された新生血管網は，せん断応力に依存して，深く浸透する傾向がみられた．新生血管網の先頭で葉状仮足の形成が認められ，3次元新生血管網を深さ方向への伸長に寄与している可能性を示している．さらに，Abeら[51]は，血管形成に及ぼす拍動せん断応力の周波数の影響について調べた．拍動せん断応力を負荷させると，血管網先端の内皮細胞は分離して不連続な血管網形成となり，定常的なせん断応力負荷における血管形成と異なる結果を示した．この事実によると，負荷されるせん断応力の大きさや非定常性を内皮細胞が感知して，内皮細胞は力学的環境に応じた血管網形成をつかさどっており，血流によるせん断応力が重要な役割を担っていることが明らかである．

6.4 マイクロ流体デバイスによる血管形成と制御

6.4.1 ◆ 血管形成の研究に応用され始めたマイクロ流体デバイス

全身へ血流を行きわたらせる血管は，生体組織には不可欠であり，とくに，末梢組織の細胞へ酸素や栄養を供給している毛細血管は，重要な機能を担っている．われわれの体は立体的な組織や臓器から構成されており，このような3次元の組織の内部へ酸素や栄養を供給するためには，組織表面からの拡散による物質輸送では不十分であり，毛細血管が立体組織の内部に張りめぐらされることによって，微小循環を構築することが必要不可欠である．このように，毛細血管を構築する技術は，再生医療・組織工学の観点から，非常に重要な課題である．

その一方で，血管形成は，病理的な状態においても重要な現象である．たとえば，がんの病態と血管形成は，非常に密接な関係にあることが知られている．腫瘍組織では，血管ネットワーク形成が盛んに行われ，がん細胞が新たにできた毛細血管ネットワークから酸素と栄養を得ることにより，腫瘍組織がさらに成長すると考えられている．また，腫瘍血管内へがん細胞が浸潤することによって，血流を介してがん細胞がほかの組織・臓器に移動することが，がんの転移する原因と考えられている．したがって，がんの治療においては，血管形成を抑制することで，腫瘍組織への酸素や栄養の供給を阻害し，腫瘍組織の成長を抑制するとともに，がん細胞が腫瘍血管に侵入することを防ぐことを介して転移を抑制することが重要となる．以上のように，血管形成は，その目的によって促進あるいは抑制する必要があり，血管形成を制御するメカニズムを解明するために，生体外の培養モデルを用いて血管形成に関する研究が行われている．

血管ネットワーク形成に関する研究には，動物実験だけでなく生体外培養モデルが用いられてきたが，近年，さまざまな生体外培養モデルが提案されており，従来から医学・生物学の分野で行われてきた2次元培養を主体とした研究に比べて，微小培養環境をより厳密に調節することで，複雑な生体内環境を再現し，血管内皮細胞を培養することができるようになってきた．とくに，近年の微細加工技術の発達により，微細加工を施した培養デバイスがさまざまな細胞培養実験に用いられるようになってきた．とくに，大きさが数十～数百 μm オーダーの小さな流路（マイクロ流路）に細胞を流し込んで，工学的に制御した微小培養環境下で細胞培養を可能とするデバイス（マイクロ流体デバイス）が開発され，さまざまな細胞の2次元培養や，3次元培養が可能になってきた．このような新しい培養ツールであるマイクロ培養デバイスを用いることで，血管ネットワーク形成における生化学的因子や生体力学的因子を厳密に調節することが可能である．さらに，3次元の血管ネットワーク形成を観察することが容易になるため，近年，マイクロ流体デバイスを用いた血管形成の研究が，活発に行われている．

6.4.2 ◆ 血管ネットワークの3次元形成に関する培養モデル

血管形成を調べるための生体外培養モデルには，血管新生型（angiogenesis）と，脈管形成型（vasculogenesis）のモデルがある（図6.10）．血管新生型の培養モデルでは，まず，ハイドロゲルの表面で血管内皮細胞を培養し，ゲルの表面に血管内皮細胞

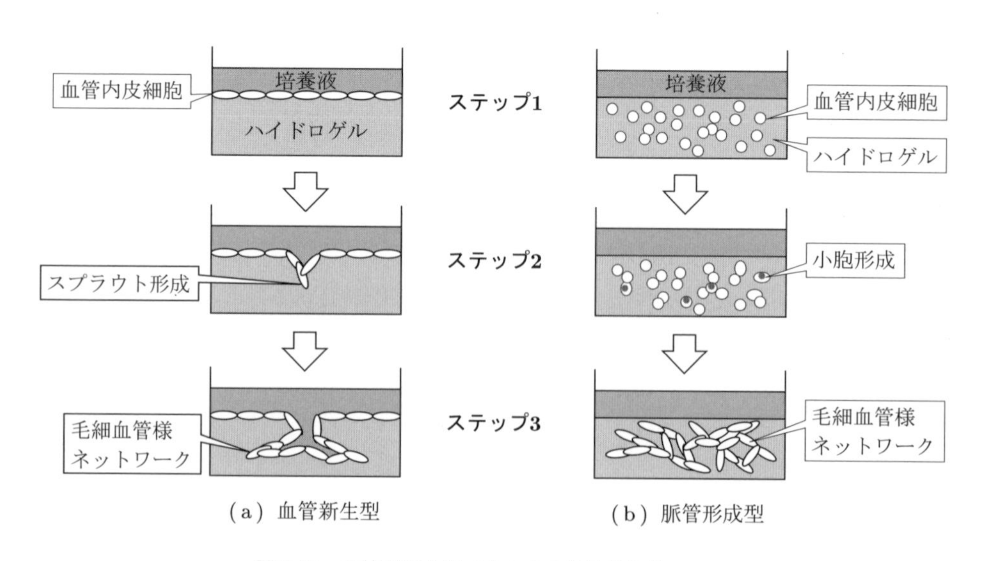

図6.10　血管形成を調べるための生体外培養モデル

の単層構造を形成させる（図(a)ステップ1）．ハイドロゲルには，コラーゲンゲルやフィブリンゲルが広く用いられているが，その他の合成ゲルなども用いられることがある．通常，血管内皮細胞がゲルの表面を覆い尽くしたコンフルエント状態（細胞どうしが密に接した状態）に達すると，細胞増殖が抑制され，培養を続けても，そのまま単層構造を維持する．しかし，培養液にVEGFやbFGFなどの血管形成を誘導する因子が添加されていると，単層構造を形成している一部の血管内皮細胞がゲルの内部に潜り込み，血管の芽（スプラウト）を形成することで，血管新生が始まる（図(a)ステップ2）．さらに，スプラウトはゲルの内部に伸長し，ネットワーク状の毛細血管様構造に発達する（図(a)ステップ3）．このモデルでは，ゲルの表面にある血管内皮細胞の単層構造が血管壁の一部を摸擬しており，スプラウトを形成して新たに分岐してできた血管ネットワークを新生血管とみなすことができるため，血管新生モデルとよばれている．一方，脈管形成型の培養モデルでは，ハイドロゲルの中にばらばらの血管内皮細胞が包埋された状態から始まる（図(b)ステップ1）．ゲルに包埋された血管内皮細胞は，細胞体の内部に血管内腔のもととなる小胞を形成すると同時に，細胞が伸展し，近くにいる細胞とたがいに接続する（図(b)ステップ2）．この血管様ネットワーク構造では，個々の細胞の内部に形成された小胞がたがいに融合し，やがて血管様ネットワークに部分的な内腔構造が形成される（図(b)ステップ3）．

以上のような血管新生型および脈管形成型の培養モデルを用いて，生体外における血管ネットワークの3次元形成について研究されてきた．とくに，毛細血管の形成における詳細な形態形成のプロセスや，細胞内シグナル伝達など，生物学的な観点から多くのメカニズムが明らかにされている．

6.4.3◆マイクロ流体デバイスにおける血管形成プロセスのイメージング

図6.11に，3次元血管ネットワークのイメージングについて示す．血管ネットワーク形成は，3次元的な形態形成のプロセスをともなうため，培養ディッシュを基本とした従来の培養手法では，イメージングにより血管形成の詳細なプロセスを解析することが難しかった（図(a)）．なぜならば，血管が伸長する深さ方向に着目して血管ネットワークの形成プロセスを調べるためには，細胞を固定し，免疫蛍光染色を行い，共焦点レーザー顕微鏡によって3次元的にイメージングする必要があるからである．すなわち，血管構造の3次元的な形態を把握するためには，2次元平面画像をz方向に連続して撮影することで，3次元ネットワークを観察する必要がある．さらに，取得した連続断層画像（z-stack）を，ソフトウェアによって3次元再構築することで，擬似的に血管ネットワークの断面を表示し，深さ方向に伸長する毛細血管様ネットワークの分布を解析することができる．これは，z方向から対物レンズで観察している

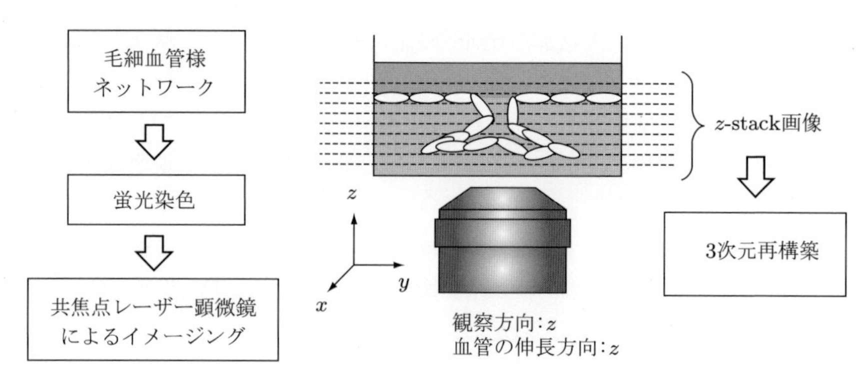

（a）従来の培養手法

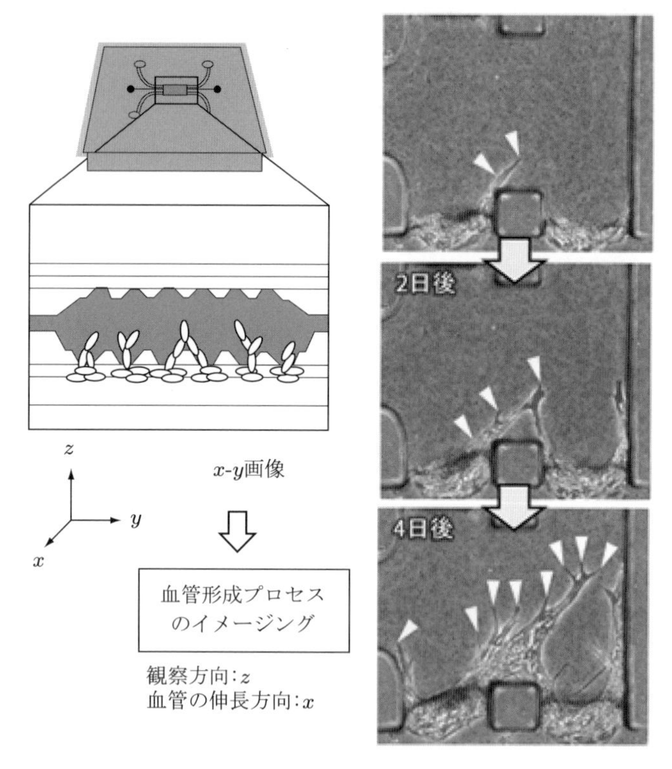

（b）マイクロ流体デバイス

図6.11　3次元血管ネットワークのイメージング

のに対し，血管ネットワークの深さ方向への伸長が同じ z 方向であるために，ゲルの内部へ垂直に潜り込む血管は，2次元 x-y 平面において，点状にしか観察されないことに起因する．

一方で，マイクロ流体システムでは，マイクロ流路とハイドロゲルの構造を工夫することで，対物レンズによる観察方向と，血管の伸長方向を変えることができる（図(b)）．たとえば，z 方向から対物レンズで観察しているのに対し，血管ネットワークの深さ方向への伸長がおもに x 方向になるため，血管が伸長していく様子を x-y 平面の2次元画像において直接的に観察することが可能な構造にすることができる．この場合，共焦点レーザー顕微鏡による3次元的な解析を行わなくても，位相差顕微鏡で2次元の x-y 平面画像を取得するだけで，血管が伸長していくプロセスを詳細に観察することができる．マイクロ流体デバイスにおけるこの特徴は，血管ネットワークの形成プロセスを解析するうえで大きな利点である．

マイクロ流体デバイスを用いた血管新生モデルは，近年複数のグループから報告されている．いずれのモデルにおいても，マイクロ流路を介して播種された血管内皮細胞が，流路側壁のコラーゲンゲルやフィブリンゲルに接着し，血管形成の刺激に応答して，ゲルの内部に細胞が潜り込み，スプラウトを形成し，ネットワーク状に成長する様子が観察されている．

6.4.4 ◆ マイクロ流体デバイスによる間質流制御と血管新生の誘導

図6.12に示すように，マイクロ流体デバイスでは，マイクロ流路にチューブを接続し（図(a)），チューブ内部で培養液の液面差をつけることで，異なるマイクロ流路の間に微小な圧力差（ΔP）を生じさせることができる（図(b)）．この圧力差を駆動力として，コラーゲンゲルを透過していく流れ（間質流）が生じる．このとき，間質流はダルシーの法則に支配されるため，コラーゲンゲルの透過係数と圧力勾配で制御することができる．すなわち，図において，コラーゲンゲルの透過係数は培養期間中に一定であると仮定すると，圧力差を制御することによって，直接間質流の速度を制御することができる．生体内の組織においても，血管とリンパ管の間の間質に間質流が存在することが知られていたが，培養ディッシュを用いた従来の培養手法では，このような間質流を再現することが難しかった．マイクロ流体デバイスを用いることで，血管形成に対する間質流の影響を容易に調べることが可能になった．図(c)～(e)には，下側の流路に播種された血管内皮細胞が，間質流の向きに逆らう方向に血管を伸長する様子が示されている．

Vickerman ら[52]は，間質流のもとでヒト微小血管内皮細胞を培養し，間質流の向きによって血管新生を制御できることを報告している．血管内皮細胞が単層構造を形

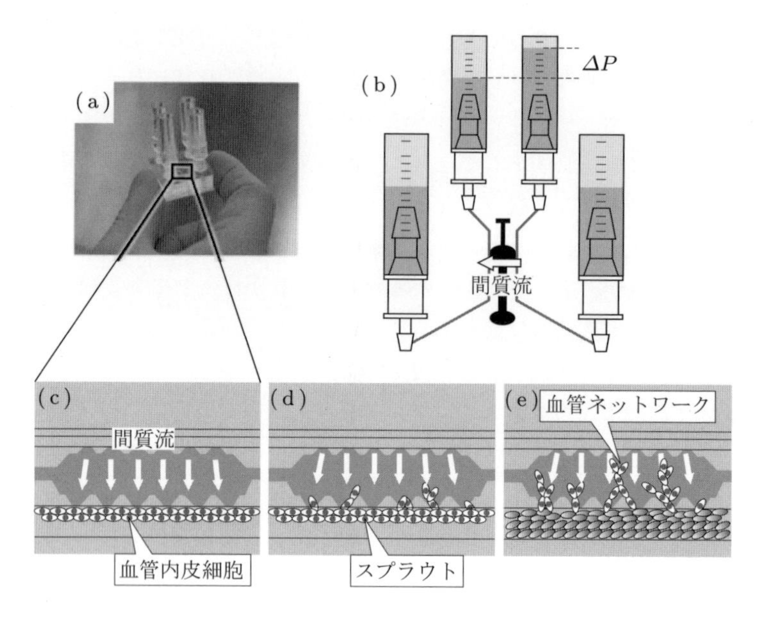

図6.12　マイクロ流体デバイスによる間質流制御と血管新生

成しているとき，培養液に接している血管内腔側に相当する面はapical面とよばれ，細胞外マトリックスに接している血管の外側に相当する面はbasal面とよばれる．間質流の向きが，血管内から外側へ漏出する流れの方向（apical面からbasal面へ向かう間質流）のときには，血管新生が誘導されなかった．その一方で，血管外から血管内に透過する流れの方向（basal面からapical面へ向かう間質流）のときには，血管新生が促進された．間質流による血管新生の促進効果は，チロシンキナーゼ阻害剤であるGenisteinの添加によって消失したことから，間質流に起因する力学的刺激を血管内皮細胞が受容し，チロシンキナーゼを介した細胞内シグナルを介して，血管新生が促進されたと考えられる．実際，血管新生が促進された間質流の条件においてFAK（focal adhesion kinase）とよばれるチロシンキナーゼのリン酸化が促進されていることが示されている．FAKは，血管内皮細胞がECMと接着する部位のインテグリンシグナル伝達と細胞骨格の組織化に関与することが知られているため，basal面からapical面へ向かう間質流によって，血管内皮細胞がコラーゲンゲルに接着しているインテグリンの部位に張力が生じ，FAKのリン酸化が促進されたと考えられる．さらに，srcに仲介される細胞間接着のリモデリングが，血管新生の促進に寄与している可能性が示された．著者らの研究[53]においても，basal面からapical面へ向かう間質流によって血管新生が促進されることを確認しており，この効果は，間質流の速度に依存していることが明らかになってきた．以上のように，これまでに注目されてきた血流に起因するせん断応力だけでなく，間質流に起因する力学的因子も，血管新生に大きな影響を与えることが明らかになりつつある．今後の研究によって，詳細なメカニズムが解明されることが期待される．

6.4.5◆マイクロ流体デバイスによる細胞間相互作用の制御と血管新生

マイクロ流体デバイスによる血管新生モデルは，血管内皮細胞に加えて，ほかの種類の細胞を培養することによって，上皮系細胞，間葉系細胞，がん細胞などが，血管内皮細胞との細胞間相互作用を通じて，血管新生に与える影響を調べることができる．たとえば，Chung ら[54]は，高濃度のラット乳房腺癌細胞株（MTLn3）との相互作用によって血管新生が促進されるが，ヒト脳腫瘍細胞株（U87MG）は血管新生の促進効果が確認されなかったことを報告している．また，Kalchman ら[55]は，ヒト肝癌由来細胞株（HepG2，HLE）との相互作用によって血管新生は促進されなかったが，逆に，肝癌由来細胞株が血管内皮細胞に向かって突起を伸長する現象が観察されたことを報告している．

マイクロ流体デバイスを用いて，血管新生の安定化も調べることができる．血管新生型の培養モデルにおいて，血管内皮細胞のみで培養を行うと血管ネットワークを形成するが，培養を続けると，突然細胞が死んでしまう現象が起こる．生体内では，新しく血管が形成されると，ペリサイトとよばれる細胞が血管を外側から包み込むことで，新生血管を安定化することが知られている．そこで，動物実験において，ペリサイトに分化することが知られている間葉系幹細胞との共培養を行うと血管内皮細胞に直接接触した間葉系幹細胞がペリサイトに分化し，血管新生が安定化されることが報告されている[56]．この共培養モデルを用いることで，ペリサイトに被覆され，長期間安定な血管ネットワークを構築することができる．このようなペリサイトによる再生血管ネットワークの安定化について，Jeon ら[57]によって，脈管形成型の培養モデルを用いた詳細な解析がなされている．これらの研究は，おもに細胞間相互作用に着目しているが，同時に間質流やせん断応力などの力学的刺激を加えることも可能であり，今後の研究では，これらのクロストークによる効果を明らかにしていくことが課題として考えられる．

6.5 再構築組織の血管化

6.5.1 ◆ 再構築組織の血管化とは

組織工学とは，生物学と工学の原理・原則に基づいて，細胞から組織や臓器を構築しようとする研究分野である．組織工学のコンセプトが発表されてから，生体内および生体外において，さまざまな組織や臓器を構築するための組織工学の手法が研究されてきた．その結果，皮膚や角膜などの2次元組織や，軟骨のように3次元ではあるが血管をともなわない組織については，ある程度再生させることが可能になってきた．これらの再生組織に関しては，臨床応用されている例もあるが，肝臓，心臓，膵臓などに代表される構造や機能の複雑な3次元臓器に関しては，組織工学による臓器再構築の手法が確立されていない．近年再生することが可能になってきた組織には毛細血管網が含まれていないのに対して，これらの3次元臓器は，毛細血管網を豊富に含んでいる．この特徴は，3次元の立体的な組織には，組織の内部まで酸素や栄養を供給するための微小循環が必要不可欠であることを示している．生体組織において，酸素や栄養が拡散によって輸送されるためには，組織の厚みが100〜200 μmであることが限界であるといわれている[6]．つまり，100〜200 μmよりも分厚い3次元組織を再生させようとした場合，組織表面からの拡散による物質輸送だけでは限界があり，組織内部の細胞を維持するためには，3次元組織の内部に毛細血管網を張りめぐらせることによって，血流を介した酸素と栄養の輸送を実現させる必要がある．以上のように，3次元組織を再生させるためには，毛細血管網も含めた，複雑な3次元組織を再生しなければならない．しかし，単純に単一の細胞を多数集めて細胞塊にするような3次元培養法については多くの研究例が報告されているのに対し，毛細血管網を含む3次元組織を構築するための手法はいまだ確立されていない．すなわち，3次元臓器の組織工学的な再生手法に関しては，成功していないのが現状である．

3次元臓器の再生を実現するためには，臓器の主要組織を構成する実質細胞（たとえば，肝臓であれば肝細胞）を用いて，立体組織を形づくるだけでなく，毛細血管網も構築することが重要である．従来では，実質細胞を用いた3次元培養や，血管内皮細胞を用いた血管形成の研究が，それぞれ別々に行われてきた．しかし，このように実質組織と毛細血管を別々に研究しているだけでは不十分であり，3次元臓器を構築することを目的として，これらの組織を融合させる必要がある．そこで，最近の研究では，毛細血管を構築するだけでなく，構築した毛細血管を3次元組織に融合し，毛細血管網を含む3次元組織を構築する血管化（vascularization）の手法について着目した研究の重要性が認識されるようになってきた．つまり，組織工学によって再構築した3次元組織の血管化が，生体外で機能的な3次元臓器の再生を目指す組織工学における大きな課題になっている．

6.5.2◆マイクロ流体デバイスを用いた肝組織血管化の試み

組織工学によって，生体外で構築した3次元組織を血管化するためには，実質細胞によって構築した3次元組織に，毛細血管を融合しなければならないため，主要組織を形成する細胞と，血管を形成する細胞の相互作用を調べることが必要になる．すなわち，肝臓の例であれば，主要組織を形成している肝細胞と，血管を形成している血管内皮細胞の相互作用を理解することが重要である．その結果，これらの細胞群をたくみに組み合わせることによって，3次元肝組織に毛細血管を融合することが可能になる．肝臓は，毛細血管を豊富に含む臓器の一つであり，生命機能の維持に必要不可欠な臓器であることから，組織工学における重要なターゲットになっている．生体内では，肝細胞が3次元の立体的な組織を形成しているため，生体外の培養においても，さまざまな3次元培養法が研究されてきた[58-60]．これらの手法により，肝細胞を3次元培養すると，単に生体内の立体構造を模倣しているだけでなく，アルブミン分泌能や尿素合成能，薬物代謝活性などの細胞機能も向上することが知られている．このように，3次元培養によって肝細胞の機能が向上することが明らかになっているが，3次元肝組織に毛細血管を融合し，微小循環を有する肝組織を再生することには成功していない．一方，肝細胞の3次元培養とは独立して，血管の再構築のみに着目した血管組織工学が独自に発展してきた．とくに，毛細血管の形成に関しては，図6.10で示した培養モデルを用いて研究が行われ，血管形成の分子メカニズムなどが明らかにされてきた．さらに，再生毛細血管の安定化などの研究も進み，長期間培養が可能になりつつあるが，構築した毛細血管網をほかの上皮細胞から構築した3次元組織に融合しようとする取組みは，ほとんど行われていない．

現時点では，組織工学の技術を用いて生体外で毛細血管を含む肝臓を再生することに成功していないが，生体内では，肝臓は再生する臓器であることが広く知られている．すなわち，生体内の環境では肝臓再生を実現することができるため，生体内の複雑かつ生理的な環境を生体外において適切に再現することができれば，生体内と同じように，生体外においても3次元組織の血管化が可能になると考えられる．たとえば，生体外培養モデルにおいて，局所的な増殖因子の濃度勾配や，細胞外マトリックスの組成などに代表される生化学的因子，間質流やせん断流などの微小培養環境における細胞周囲の流れの状態や，細胞外マトリックスの力学的性質などに起因する力学的因子を制御する必要がある．とくに，時々刻々と変化する生体内の動的な環境を考慮すると，これらの生化学的因子や力学的因子を，培養環境において時間的かつ空間的に制御することによって，生体内の動的な環境に近づけることが重要になる．このような動的な培養環境を再現することは難しかったが，近年開発されたマイクロ流体デバイスの発展とともに，生体内の環境を部分的に再現した生理的な生体外培養モデルを構築することが可能になってきた．

肝細胞と血管内皮細胞を共培養することによって肝組織と毛細血管を融合しようとする試みはなされてきたが，単純に培養ディッシュなどで共培養しても，生体内のような立体組織を再現することはできない．そこで，単に肝細胞と血管内皮細胞を混合した共培養を行うのではなく，それぞれの細胞が本来あるべき組織構造を形成した状況で，共培養を行う必要がある．すなわち，肝細胞は3次元組織を形成し，血管内皮細胞は毛細血管を形成した状況で共培養を行い，これらの異なる組織が有機的に組み合わさることで，血管化が実現する．実際，生体内で起こる肝再生のプロセスでは，肝細胞が増殖することによって3次元組織を形成し，後から血管が入り込んでくると考えられている[61, 62]．ところが，通常の培養ディッシュを用いた手法では，組織形成は細胞が有する自発的な組織化能力に強く依存するため，共培養において，異なる細胞が形成した組織を所望の場所に配置することは難しかった．

最近のマイクロ流体デバイスを用いた培養技術の発展にともない，微小培養環境における細胞配置や，生化学的因子，および力学的因子をたくみに制御することが可能になった．このようなマイクロ流体デバイスを用いて，生体外の3次元血管新生モデルと肝細胞の3次元培養モデルを組み合わせることで，3次元肝組織を血管化するための研究が行われている（図 6.13）[63]．マイクロ流体デバイスは，polydimethylsiloxane（PDMS）とよばれるシリコーンゴムの表面にマイクロ流路の微細加工を施し，カバーガラスに貼りつけることによってつくられている．このマイクロ流体デバイスには，二つのマイクロ流路と，その間に介在しているコラーゲンゲルの領域がある．肝組織の血管化には，肝臓の実質細胞である肝細胞と，血管を構成する血管内皮細胞の相互作用が重要となる．そこで，マイクロ流体デバイスの一方の流路に肝細胞を播種し，もう一方の対面する流路に血管内皮細胞を播種することで，肝細胞と血管内皮細胞を共培養し，これらの細胞間相互作用を調べることができる（図(a)）．このマイクロ流体デバイスでは，二つの流路を介在するコラーゲンゲルの幅は 750 μm であるため，肝細胞と血管内皮細胞を数十～数百 μm のオーダーできわめて近傍に配置することができ，微小培養環境における細胞間相互作用が強められる（図(b)）．図(c) に，マイクロ流体デバイスを用いた肝細胞 - 血管内皮細胞共培養における位相差顕微鏡画像を示す．まず，肝細胞を一方の流路に播種し，間質流のもとで培養する（day 0）．肝細胞は，播種直後から間質流のもとで培養すると，コラーゲンゲルの内部やマイクロ流路の表面に遊走することはなく，マイクロ流路内においてたがいに接着し，一体化することで，培養2～3日の間に3次元組織を形成する．こ

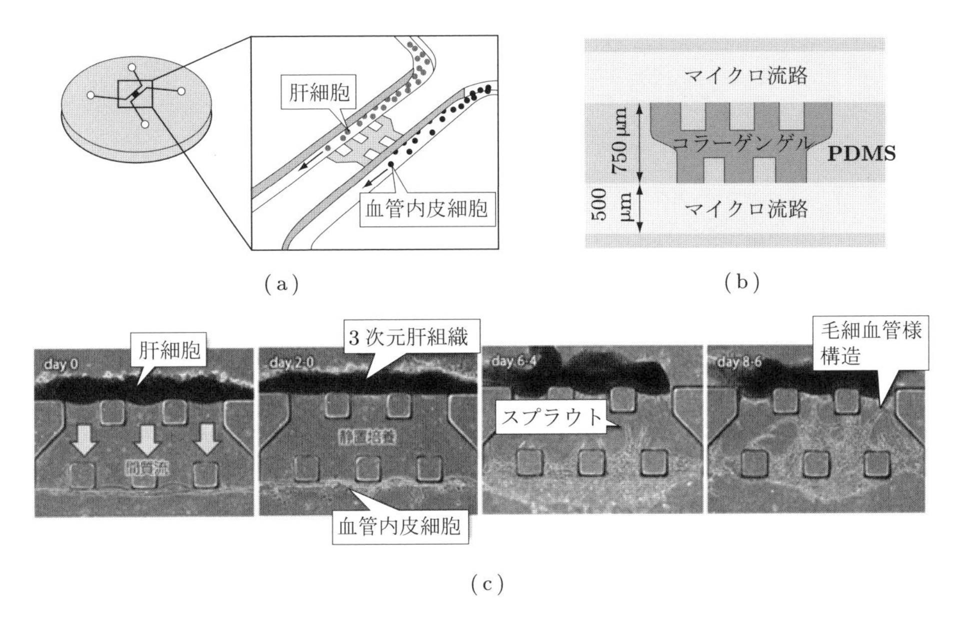

図 6.13　マイクロ流体デバイスによる肝細胞と血管内皮細胞の共培養

の間，間質流は，肝細胞を播種したマイクロ流路から対面するマイクロ流路に透過していく方向で，播種直後から少なくとも 1 日間負荷することが重要であり，つぎの日からは逆向きの間質流や静置培養に切り替えても，3 次元組織は維持されることがわかった．つぎに，共培養を開始するために，対面する流路に血管内皮細胞を加えた(day 2-0)．ラット由来の血管内皮細胞を用いて実験を行った場合，血管内皮細胞の単独培養では，毛細血管様構造は形成されなかった．しかし，対面する流路に肝細胞が存在する共培養では，血管内皮細胞がコラーゲンゲルの内部に潜り込み，スプラウトを形成することがわかった（day 6-4）．この血管スプラウトは，対面する流路で形成された肝細胞の 3 次元組織に向かって伸長し，毛細血管様ネットワークに成長していくプロセスを観察することができる（day 8-6）．以上より，対面するマイクロ流路に肝細胞が存在する共培養モデルにおいて，血管新生が促進されることが明らかになった．

図 6.14 にマイクロ流体デバイスにおける肝細胞 - 血管内皮細胞共培養における血管ネットワークの構造を示す．図(a)は肝細胞の培養 10 日目，血管内皮細胞の培養 8 日目の位相差顕微鏡画像（day 10-8）である．図(b)は，図(a)の枠に対応した拡大図で，矢頭は毛細血管様構造を示している．位相差顕微鏡による観察から，ネットワークは，管腔構造を形成していることが予想された．そこで，細胞骨格のアクチンフィ

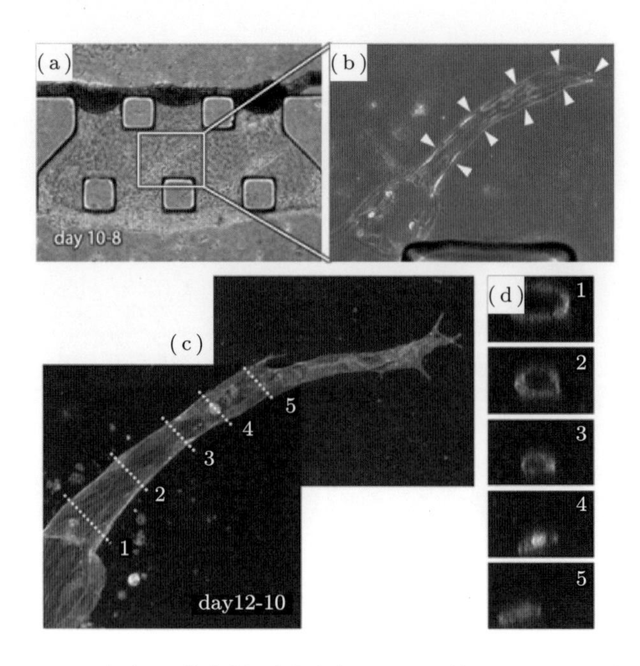

図 6.14　肝細胞－血管内皮細胞共培養における血管ネットワークの構造

ラメントを蛍光染色し，毛細血管様ネットワークを共焦点レーザー顕微鏡で3次元観察したところ，新たに形成されたばかりの血管先端部には内腔がないが，先端から離れた部分では，連続した内腔ができていることが確認された．図(c)は，共培養 day 12-10 における毛細血管様構造の蛍光染色画像である．細胞の輪郭を可視化するためにアクチンフィラメントを染色し，共焦点レーザー顕微鏡で撮影した連続断層画像から2次元投影画像を作成している．図(d)は，図(c)の点線1～5に対応する部分の血管断面画像である．点線1～3の部位において，連続した内腔が確認できる．一方，点線4，5の部位は血管の先端部分であるため，まだ内腔が形成されていない．このように，マイクロ流体デバイスを用いることで，肝細胞が3次元組織を形成する一方で，血管内皮細胞が内腔の連続した毛細血管様ネットワークを形成し，コラーゲンゲルの内部を3次元肝組織に向かって伸びていく培養モデルを構築することが可能になった．肝細胞と血管内皮細胞は，培養初期においてコラーゲンゲルによって隔てられているが，マイクロ流路のデザインによって近接して培養することが可能であり，液性因子の拡散による相互作用が生じる．さらに，培養を続けることによって，毛細血管様構造がコラーゲンゲルの内部に伸びていき，3次元肝組織と毛細血管様構造の直接接触による相互作用も生まれる．マイクロ流体デバイスは，先に述べたとおり，顕微鏡観察に適しているため，このような形態形成や細胞間相互作用をモニタリングすることが容易である．とくに，ここで紹介したマイクロ流体デバイスを用いた共培養モデルは，３次元組織の血管化に必要な，１）上皮細胞（肝細胞）による３次元組織の形成と，２）毛細血管ネットワークの形成，さらに，３）それらの間接的および直接的な相互作用を促進すること，の三つが可能であるため，３次元組織の血管化を研究していくために重要なモデルである．

以上のように，マイクロ流体デバイスを用いて，３次元肝組織と毛細血管ネットワークを融合する血管化の取組みが始まっているが，ここで紹介した研究例では，両者の拡散による相互作用を促進するため，共培養を行っている時点では静置培養にしている．しかし，この培養環境が３次元肝組織の血管化に最適な環境であるわけではない．われわれの体の中では，細胞や組織が，血流に起因する力学的因子や増殖因子の濃度勾配などの時々刻々と変化する動的で複雑な環境にさらされている．組織工学的な視点から，これらの動的な培養環境を生体外で再現し，血管化の実現を図ることが今後の課題である．とくに，血管形成には力学的刺激が重要であることから，血管化にも大きな役割を果たしていると考えられる．

6.6 おわりに

現在再生医療の研究では，iPS 細胞を用いたさまざまな臓器の再生が試みられている．とくに３次元の組織形成が課題であり，血管の通った組織再生技術を確立する必要がある．このような組織再生技術を確立するためには，臓器を構成する細胞を３次元培養すると同時に，血管ネットワークも再生しなければならない．そこで本章では，まず血管形成に焦点を当て，血管形成と３次元臓器再生への取組みを紹介し（6.1 節），血管新生初期における出芽過程を概説した（6.2 節）．つぎに，血管新生を誘起する力学的要因に着目し，細胞自身によって生成される力や細胞外マトリックスに関わる力，そして外的に負荷される力（せん断応力）によって誘起される血管新生について概説した（6.3 節）．これらの力学的要因を理解することによって，所望の血管ネットワークを構築するために微小培養環境を制御する必要がある．さらに，力学的要因だけでなく生化学的要因も考慮する必要があり，今後の研究ではそれらの相乗効果についても明らかにしていく必要がある．

また，近年このような血管形成の研究には，微細加工技術を利用した新たな培養ツールとしてマイクロ流体デバイスが利用されるようになった．そこで，マイクロ流体デバイスを用いて血管ネットワークの３次元形成を調べる培養モデルについて概説した（6.4 節）．この培養モデルでは，微小培養環境を厳密に調節することが可能であり，顕微鏡イメージングにも優れていることから，今後ますますの研究が期待される．最後に，血管の通った組織再生技術の具体的な手法として，構築した血管ネットワークと臓器の実質細胞から構成した3次元組織を組み合わせる血管化の試みについて紹介した．具体例として，肝臓の実質細胞である肝細胞が構築する3次元肝組織と，血管内皮細胞が構築する血管ネットワークについてマイクロ流体デバイスを用いた近接培養を行い，3次元肝組織に血管ネットワークが直接接触する培養モデルを実現している．しかし，血管ネットワークが3次元肝組織の内部に入り込み，血管の通った肝組織を構築するためには課題が残されており，今後のさらなる研究が必要である．

細胞の力学刺激にともなう器官形成にはまだまだ多くの課題が残されている．iPS細胞の発見により，生体外で臓器を構築するために必要となるさまざまな細胞の供給が可能になったが，再生医療として利用するためには，これらの細胞から臓器を再構築しなければならない．つまり，臓器を構築するための部品が揃った段階であり，今後の研究ではこれらの部品をいかに組み立てて臓器を構築していくかといった組織工学的な手法の開発に注力しなければならない．そのなかで，従来から考慮されてきた生化学的刺激に加えて，本章で概説した細胞の力学的刺激も考慮することで組織工学的手法を確立していく必要がある．

参考文献

[1] Atala, A. Lanza, R. Thomson, J. and Nerem, R. (eds.). Principles of regenerative medicine, Academic Press, 2008.

[2] Takahashi, K. Yamanaka, S. Induction of Pluripotent Stem Cells from Mouse Embryonic and Adult Fibroblast Cultures by Defined Factors, Cell 126 (4), 663, 2006.

[3] Lenza, R. et al. Principles of tissue engineering 4th ed. Lenza, R. Langer, R. Vacanti, J. (eds.). Academic Press, 2007.

[4] O'Connor, N. E. Green, H. et al. Grating of burns with cultured epithelium prepared from autologous epidermal cells, Lancet. 317, 75-78, 1981.

[5] Yamada, N. Okano, T. et al. Chem. Rapid. Communi. 11, 571-576, 1990.

[6] Carmeliet, P. Jain, R. K. Angiogenesis in cancer and other diseases, Nature 407 (6801), 249-257, 2000.

[7] Novosel, E. C. Kleinhans, C. Kluger, P. J. Vascularization is the key challenge in tissue engineering, Advanced Drug Delivery Reviews 63, 300-311, 2011.

[8] Potente, M. Gerhardt, H. Carmeliet, P. Basic and therapeutic aspects of angiogenesis, Cell 146, 873-887, 2011.

[9] Carmeliet, P. and Jain, R. K. Molecular mechanisms and clinical applications of angiogenesis, Nature. 19 (473), 298-307, 2011.

[10] Gerhardt, H. et al. VEGF guides angiogenic sprouting utilizing endothelial tip cell filopodia, The J. Cell Biology 161, 1163-1177, 2003.

[11] Shiu, Y. T. et al. The role of mechanical stresses in angiogenesis, Critical Reviews in Biomedical Engineering 33, 431-510, 2005.

[12] 須藤亮，阿部順紀，谷下一夫，再生医工学におけるメカノバイオロジーIII：血管、メカノバイオロジー（曽我部正博 編），化学同人，283-292, 2015.

[13] Conway, E. M, Collen, D. Carmeliet, P. Molecular mechanisms of blood vessel growth. Cardiovascular

Research 49, 507-521, 2001.
[14] Martino, M. M. et al. Extracellular matrix and growth factor engineering for controlled angiogenesis in regenerative medicine. Frontiers in Bioengineering and Biotechnology 3, 1-8, 2015.
[15] Eilken, H. M. Adams, R. H. Dynamics of endothelical cell behavior in sprouting angiogenesis, Current Opinion in Cell Biology 22, 617-625, 2010.
[16] Abe, Y. Sudo. R. Tanishita, K. et al. Endothelical progenitor cells promote directional three-dimensional endothelial network formation by secreting vascular endothelial growth factor, Plos One 8, 1-12, 2013.
[17] Carmliet, P. Mechanisms of angiogenesis and arteriogenesis. Nature Medicine 6, 389-395, 2000.
[18] Bershadsky, A. D. Balaban, N. Q. Geoger, B. Adhesion-dependent cell mechanosensitivity, Ann. Rev. Cell Dev. Biol. 19, 677-695, 2003.
[19] Chicurel, M. E. Chen, C. S. Ingber, D. E. Cellular control lies in the balance of forces, Curr. Opin. Cell Biol. 10, 232-239, 1998.
[20] Zhu, C. Bao, G. Wang, N. Cell mechanics: mechanical responses, cell adhesion, and molecular deformation, Annu. Rev. Biomed. Eng. 2, 189-226, 1999.
[21] Galbraith, C. G. Sheetz, M. P. Forces on adhesive contacts affect cell function, Curr. Opin. Cell Biol. 10, 299-304, 1998.
[22] Maniotis, A. J. Chen, C. S. Ingber, D. E. Demonstration of mechanical connections between integrins, cytoskeletal filaments, and nucleoplasm that stabilize nuclear structure, Proc. Natl. Acad. Sci. USA. 94(3), 849-854, 1997.
[23] Geiger, B. Bershadsky, A. Exploring the neighborhood: adhesion-coupled cell mechanosensors, Cell 110, 139-142, 2002.
[24] Burridge, K. Chrzanowska-Wodnicka, M. Focal adhesions, contractility, and signaling, Annu. Rev. Cell Dev. Biol. 12, 463-518, 1996.
[25] Ingber, D. E. Mechanical signaling and cellular response to extracellular matrix in angiogenesis and cardiovascular physiology, Circ. Res. 91, 877-887, 2002.
[26] Harris AK, Wild P, Stopak D. Silicone rubber substrata: a new wrinkle in the study of cell locomotion. Science. 208, 177-179, 1980.
[27] Lamalice, L. Boeuf, F. L. Huot, J. Endothelial cell migration during angiogenesis, Circ. Res. 100, 782-794, 2007.
[28] Vernon, R. B. Sage, E. H. Between molecules and morphology, Am. J. Pathology 147, 873-883, 1995.
[29] Huang, S. Ingber, D. E. The structural and mechanical complexity of cell-growth control, Nat. Cell Biol. 1, E131-138, 1999.
[30] Wang, H. B. Dembo, M. Wang, Y. L. Substrate flexibility regulates growth and apotosis of normal but not transformed cells, Am. J. Physiol. cell Physiol. 279, C1345-1350, 2000.
[31] Sieminski, A. L. Hebbel, R. P. Gooch, K. J. The relative magnitudes of endothelial force generation and matrix stiffness modulate capillary morphogenesis in vitro, Exp. Cell Res. 297, 574-584, 2004.
[32] Pelham, R. J. Wang, Y. L. Cell locomotion and focal adhesions are regulated by substrate flexibility, PNAS. 94, 13661-13665, 1997.
[33] Deroanne, C. F. Lapoere, C. M. Nusgens, B. V. In vitro tubulogenesis of endothelial cells by relaxation of the coupling extracellar matrix-cytoskeleton, Cardiovascular Res. 49, 647-658, 2001.
[34] Goldmann, W. H. Ingber, D. E. Intact vinculin protein is required for control of cell shape, cell mechanics, and rac-dependent lamellipodia formation, BBRC. 290, 749-755, 2002.
[35] Reinhart-King, C. A. Dembo, M. Hammer, D. A. Cell-cell mechanical communication through compliant substrates, Biophysical J. 95, 6044-6051, 2008.
[36] Yamamura, N. Sudo, R. Ikeda, M. Tanishita, K. Effects of the mechanical properties of collagen gel on the in vitro formation of microvessel networks by endothelical cells, Tissue Engineering. 13, 1443-1453, 2007.
[37] Edgar, L. T. et al. Mechanical interaction of angiogenetic microvessels with the extracellular matrix, J. Biomech. Eng, Trans. ASME. 136, 021001-1～15, 2014.

[38] Kaunas, R. Kang, H. Bayless, K. J. Synergistic regulation of angiogenic sprouting by biochemical factors and wall shear stress, Cell Mol. Bioeng. 4, 547-559, 2011.

[39] Clark, E. R. Hitschler, W. J. Kirby-Smith, H. T. Rex, R. O. Smith, J. H. General observations on the ingrowth of new blood vessels into standardized chambers in the rabbit's ear, and the subsequent changes in the newly grown vessels over a period of months, Anat. Rec. 50 (2), 129-167, 1931.

[40] Ziada, A. et al. The effect of long-term administration of alpha 1-blocker prazosin on capillary density in cardiac and skeletal muscle, Pflugers Arch. 415, 355-360, 1989.

[41] Ichioka, S. et al. Effects of shear stress on wound-healing angiogenesis in the rabbit ear chamber, J. Surgical Research. 72, 29-35, 1997.

[42] Montesano, R. Orci, L. Vassalli, P. In vitro rapid organization of endothelial cells into capillary-like networks is promoted by collagen matrices, J Cell Biol. 97, 1648-1652, 1983.

[43] Gloe, T. et al. Shear-stress induced release of bFGF from endothelial cells is mediated by matrix interaction via integrin alpha V beta 3, J. Biological Chemstry 277, 23453-8, 2002.

[44] Ueda, A. Tanishita, K. et al. Effect of shear stress on microvessel network formation of endothelial cells with in vitro three-dimensional model, Am. J. Physiol. Heart Circ. Physiol. 287, H994-1002, 2004.

[45] Kang, H. et al. Fluid shear stress modulates endothelial cell invasion into three-dimensional collagen matrices, Am. J. Physiol. Heart Circ. Physiol. 295, H2087-2097, 2008.

[46] Cullen, J. P. et al. Pulsatile flow-induced angiogenesis: role of G(i) subunits, Arterioscler Thromb. Vasc. Biol. 22, 1610-1616, 2002.

[47] Tressel, S. L. et al. Laminar shear inhibits tubule formation and migration of endothelial cells by an angiopoetin-2-dependent mechanism, Arterioscler Thromb. Vasc. Biol. 27, 2150-2156, 2007.

[48] Shiu, Y. T. et al. Rho mediates the shear-enhancement of endothelial cell migration and traction force generation, Biophysical J. 86, 2558-2565, 2004.

[49] Li, S. Huang, N. F. Hsu, S. Mechanotransduction in endothelial cell migration, J. Cellular Biochemistry 96, 1110-1126, 2005.

[50] 阿部順紀，須藤亮，池田満里子，谷下一夫．せん断応力に依存した血管内皮細胞の3次元ネットワーク形成．日本機械学会論文集（B編）76，1061-1067，2010.

[51] Abe, Y. Sudo, R. Ikeda, M. and Tanishita, K. Steady and pulsatile shear stress induced different three-dimensional endothelial networks through pseudopodium formation, Journal of Biorheology 27, 38-48, 2013.

[52] Vickerman, V. Kamm, R. D. Mechanism of a flow-gated angiogenesis switch: early signaling events at cell-matrix and cell-cell junctions, Integr. Biol. (Camb.) 4, 863-874, 2012.

[53] Sudo, R. Abe, Y. Menjo, S. Tanishita, K. Capillary formation under interstitial flow in a microfluidic device for liver tissue engineering, Proceedings of the biomedical Engineering Society (BMES) 2014 annual meeting.

[54] Chung, S. Sudo, R. Mack, P. J. Wan, C. R. Vickerman, V. Kamm, R. D. Cell migration into scaffolds under co-culture conditions in a microfluidic platform, Lab. Chip. 9, 269-275, 2009.

[55] Kalchman, J. Fujioka, S. Chung, S. Kikkawa, Y. Mitaka, T. Kamm, R. D. Tanishita, K. Sudo, R. A three-dimensional microfluidic tumor cell migration assay to screen the effect of anti-migratory drugs and interstitial flow, Microfluid Nanofluid. 14(6), 969-981, 2013.

[56] Yamamoto, K. Tanimura, K. Mabuchi, Y. Matsuzaki, Y. Chung, S. Kamm, R. D. Ikeda, M. Tanishita, K. Sudo, R. The stabilization effect of mesenchymal stem cells on the formation of microvascular networks in a microfluidic device, J. Biomech. Sci. Eng. 8, 114-128, 2013.

[57] Jeon, J. S. Bersini, S. Whisler, J. A. Chen, M. B. Dubini, G. Charest, J. L. Moretti, M. Kamm, R. D. Generation of 3D functional microvascular networks with human mesenchymal stem cells in microfluidic systems, Integr. Biol. (Camb.) 6(5), 555-563, 2014.

[58] Sudo, R. Mitaka, T. Ikeda, M. Tanishita, K. Reconstruction of 3D stacked-up structures by rat small hepatocytes on microporous membranes, FASEB J. 19, 1695-1717, 2005.

[59] Hwa, A. J. Fry, R. C. Sivaraman, A. So. P. T. Samson, L. D. Stolz, D. B. Griffith, L. G. Rat liver sinusoidal

endothelial cells survive without exogenous VEGF in 3D perfused co-cultures with hepatocytes, FASEB J. 21, 2564-2579, 2007.

[60] Toh, Y. C. Zhang, C. Zhang, J. Khong, Y. M. Chang, S. Samper, V. D. van Noort, D. Hutmacher, D. W. Yu, H. A novel 3D mammalian cell perfusion-culture system in microfluidic channels, Lab. Chip. 7, 302-309, 2007.

[61] Martinez-Hernandez, A. Amenta, P. S. The extracellular matrix in hepatic regeneration, FASEB J. 9(14), 1401-1410, 1995.

[62] Ross, M. A. Sander, C. M. Kleeb, T. B. Watkins, S. C. Stolz, D. B. Spatiotemporal expression of angiogenesis growth factor receptors during the revascularization of regenerating rat liver, Hepatology 34(6), 1135-1148, 2001.

[63] Sudo, R. Chung, S. Zervantonakis, I. K. Vickerman, V. Toshimitsu, Y. Griffith, L. G. Kamm, R. D. Transport-mediated angiogenesis in 3D epithelial coculture, FASEB J. 23, 2155-2164, 2009.

索　引

◆◆英数

II 型ミオシン　71
3 次元の組織形成　119
αアクチニン　14
αヘリックス　57
ACE　101
Arp2/3　14
ATP　109
ATP 作動性カチオンチャネル P2X purionoceptor　109
Ca^{2+}　54
CH-π 相互作用　58
C 型ナトリウム利尿ペプチド（CNP）　101
DNA マイクロアレイ　103
focal adhesion kinase（FAK）　138
F アクチン　14
G アクチン　14
G タンパク質　110
　——共役型受容体　110
hydrophobic mismatch　52
mRNA の安定化　105
MscL　49
MscS　49
NO 合成酵素　101
P2X4 の遺伝子欠損マウス　115
PECAM-1　111
polydimethylsiloxane（PDMS）　142
reactive oxygen species（ROS）　102
SA チャネル（stretch-activated channel）　108
SMD（操作型分子動力学）法　19
sphingosine-1-phosphate（SIP）　131
VE-cadherin　111
VEGFR　110
VEGF の勾配　121

◆◆ア　行

アイリスモデル　59
アイリング（Eyring）の関係式　55
アクチン骨格　53
アクチン細胞骨格　13
　——の再構築　13, 31
アクチンフィラメント　4, 13, 45, 111
アクチンレトログレードフロー　87
アドレノメデュリン（AM）　101
アポトーシス　100
アロステリックタンパク質　61
イオンチャネル　108
一次繊毛　112
一酸化窒素（nitric oxide, NO）　100
遺伝子発現調節　103
糸状仮足　14, 124
インテグリン　47, 111, 123
ヴェイパーロック　58
ウォルフ（Wolff）の法則　6
ウロキナーゼ型プラスミノーゲン・アクチベータ（uPA）　105
エクソサイトーシス　63
エネルギー平衡状態　20, 22
エンドサイトーシス　63
エンドセリン（ET）　101
エントロピー　62

◆◆カ　行

開口　56
　——確率　52
活性化自由エネルギー　55
活性酸素　102
カベオラ　111
カベオリン-1　113
間質流　137
間葉系細胞　69
管様構造　127
機械刺激　45
機械受容器　2
機械受容チャネル　9, 46
ギガシール　49
器官発生　10
キャッチボンド　47
極性　130
筋紡錘　2
空胞（vacuole）　127
クラッチモデル　87
グリコカリックス　112
クーロン相互作用エネルギー　35
血管化（vascularization）　120, 140
血管新生　10, 120
　——型　134
　——モデル　135
血管組織工学　141
血管の芽（スプラウト）　135
血管壁のストレッチ（ひずみ）　129
血管網再構築　120
ゲート　56
牽引力（traction force）　124
　——顕微鏡法（～ microscopy）　126
骨芽細胞　6
骨細胞　6
骨梁構造　6
コフィリン　17, 33, 38, 48

◆◆サ　行

サイトカイン　101
細胞外マトリックス　47, 120
細胞間接着　69
細胞・基質間接着　69
細胞骨格　114, 122
　——の張力　123
細胞接着　67
　——のクラッチモデル　89

細胞増殖　100
　——因子　101
細胞内 Ca^{2+}濃度　109
細胞の遊走　124, 132
細胞膜　46, 114
　——の物理的性質　115
　——の流動性　115
酸化ストレス　102
シグナル伝達　68
脂質二重層　51
脂質膜　51
シナジー効果　131
収縮性　67
収縮力　73, 122
粥状動脈硬化病変　95
出芽（sprouting）　120, 124
　——過程　120
焦点接着斑　8, 70, 123
上皮細胞　69
伸展張力（cyclic strain）　97
　——負荷装置　98
水素結合　51
ストレスファイバー　9, 16, 45, 69, 124
スフェロイド　130
スリップボンド　47
セカンドメッセンジャー　2
接着部位　123
　——の足場　123
接着分子　102
纖維芽細胞増殖因子（basic fibroblast growth factor, bFGF）　131
遷移速度　55
せん断応力（shear stress）　4, 96, 121
　——応答配列　101
創傷治療　10
増殖因子　120
速度定数　55
側方圧力　51
組織工学　119, 140
疎水性相互作用　51
疎水ロック　58

◆◆タ　行

大動脈リング　130
タリン　47
ダルシーの法則　137
単一チャネル電流計測　49
短時間スケール　27
単粒子電子線トモグラフィー　59
中間径フィラメント　4
長時間スケール　27
張力　67
　——を解放　16
張力作用下シミュレーション　32
張力センサー　58
チロシンキナーゼ型受容体　110
転写因子 NFκB　101
転写制御　105
透過孔　56
トラクションフォース　88
トロンボモジュリン　101

◆◆ナ　行

内腔側（apical side）　130
内皮細胞　95
内皮前駆細胞　121
流れ負荷装置　97
ねじり剛性　23, 24, 33
ねじれ角　17
熱平衡状態　29
熱ゆらぎ　20, 23, 24

◆◆ハ　行

拍動流　131
破骨細胞　6
パッチクランプ　49
パッチ膜　49
反応速度　55
光ピンセット　54
非筋 II 型ミオシン　69
微小管　4
引張剛性　23, 24, 33
非定常性　133
ヒト臍帯静脈内皮細胞（HUVEC）　127
比容量　53
ビンキュリン（vincullin）　47, 127
フィラミン　14
プラスミノーゲン・アクチベータ　101
フルイドモザイクモデル　3
プロスタサイクリン　101
分子動力学シミュレーション　58
分子動力学法　18
平衡状態シミュレーション　23
平衡定数　55
平行平板流路　131
ペリサイト　139
ヘルツの式　126
変換機（トランスデューサー）　2
ポアソン比　52
法線応力　121
ポジティブフィードバック　132

◆◆マ　行

マイクロチューブル　4
マイクロ流体デバイス　10, 134
膜骨格　53
膜受容体　110
膜張力　50
マトリゲル　124
マルチスケールメカノバイオロジー　15
ミオシン　72
ミオシン II　14, 45
ミオシン調節軽鎖　72
ミクロフィラメント　4
脈管形成型　134
無負荷状態　39
メカノセンサー　47, 87
メカノトランスダクション　87, 96, 107
メカノバイオロジー　96
毛細管ネットワーク形成　127

◆◆ヤ　行

ヤング率　126
ゆらぎ　48
葉状仮足　14, 124

◆◆ラ　行

ラプラスの式　50
乱流性のせん断応力　103
力学環境　69
力学-生化学連成機構　40
力学的要因　120
リモデリング　6
リン脂質二分子層　114

著　者　一　覧

佐藤　正明（さとう・まさあき）
東北大学学際科学フロンティア研究所 所長，総長特命教授
工学博士（京都大学），東北大学名誉教授

安達　泰治（あだち・たいじ）
京都大学ウイルス・再生医科学研究所 教授
博士（工学）（大阪大学）

松下　慎二（まつした・しんじ）
株式会社日立製作所 研究開発グループ 材料イノベーションセンタ
博士（工学）（京都大学）

井上　康博（いのうえ・やすひろ）
京都大学ウイルス・再生医科学研究所 准教授
博士（工学）（東京大学）

平田　宏聡（ひらた・ひろあき）
R-Pharm Japan 株式会社 主任研究員，名古屋大学大学院医学系研究科 客員研究員
理学博士（東北大学）

曽我部　正博（そかべ・まさひろ）
名古屋大学大学院医学系研究科 特任教授
工学博士（大阪大学），名古屋大学名誉教授

出口　真次（でぐち・しんじ）
大阪大学大学院基礎工学研究科機能創成専攻 教授
博士（工学）（東北大学）

安藤　譲二（あんどう・じょうじ）
獨協医科大学医学部生体医工学研究室 特任教授，東京大学元教授
医学博士（北海道大学）

山本　希美子（やまもと・きみこ）
東京大学大学院医学系研究科システム生理学 准教授
博士（工学）（山形大学），博士（医学）（東京大学）

谷下　一夫（たにした・かずお）
早稲田大学 客員教授，慶應義塾大学名誉教授
Ph. D.（Brown University），工学博士（東京工業大学）

須藤　亮（すどう・りょう）
慶應義塾大学理工学部システムデザイン工学科 准教授
博士（工学）（慶應義塾大学）

編集担当　藤原祐介（森北出版）
編集責任　石田昇司（森北出版）
組　　版　創栄図書印刷
印　　刷　　　同
製　　本　　　同

細胞のマルチスケールメカノバイオロジー

2017年5月31日　第1版第1刷発行

編　　者　佐藤正明
発 行 者　森北博巳
発 行 所　**森北出版株式会社**
東京都千代田区富士見1-4-11（〒102-0071）
電話 03-3265-8341／FAX 03-3264-8709
http://www.morikita.co.jp/
日本書籍出版協会・自然科学書協会　会員
JCOPY ＜(社)出版者著作権管理機構 委託出版物＞

Printed in Japan／ISBN978-4-627-69141-4